LEGACY REVIVAL

老舗寝具店四代目、
業界復興への挑戦

髙原智博
TAKAHARA TOMOHIRO

幻冬舎 MC

老舗寝具店四代目、業界復興への挑戦

LEGACY REVIVAL

レガシーリバイバル

はじめに

レガシーという言葉にどんなイメージを持つだろうか。

辞書をひいてみると、レガシーとは、「遺産」や「先人の知恵」といった意味を持つ言葉とされている。

しかし、ビジネスの文脈では「負の遺産」という否定的な意味で使われることが多い。

例えば、レガシーシステムは古い技術で構築された企業のＩＴシステムのことを指す。

レガシーコストはしがらみによる取り決めで発生し続けているコスト負担のことだ。

古い、旧態依然、斜陽、革新性がないといった否定的な意味を含めて、成長が頭打ち、または右肩下がりの産業を、レガシー産業と呼ぶこともある。

身の回りにも「レガシーだな」と感じる商品、店、会社などがあるのではないか。

「今どき誰が買うんだろう」と疑問に感じるような商品や、「どうやって稼いでいるのだろう」と心配してしまうような店や企業などだ。

消費者目線なら他人事だが、事業者側から見るとそうはいかない。

企業の倒産原因（東京商工リサーチ調べ）のなかで、最も多いのは「販売不振」で、これは商品やサービスがレガシー化した結果と見ることができるだろう。「今どき誰が買うんだろう」と思われる商品だから販売不振になる。

個人商店や中小企業の廃業理由（帝国データバンク調べ）には「後継者を確保できない」「従業員の確保が困難」といった理由が並ぶ。その背景には、会社や事業そのものがレガシーだと認識されているという原因がある。「どうやって稼いでいるのだろう」と心配される産業には人が集まらないのだ。

どんなに魅力的な商品もいつかは飽きられる。

今は業績が良かったとしても、右肩上がりの成長は永遠には続かない。

そう考えれば、レガシー化はすべての経営者が対策しなければならない課題といえる。

新しいことに挑み、レガシー化を防ぐ。

すでに商品や事業がレガシー化しているなら、売るもの、売り方、売る相手などを根底から変えるくらいの大きな改革を断行し、リバイバル（再生）を目指す。

「変わろう」「変えよう」という意識なくして企業が生き残っていくことはできないのだ。

では、どうすれば再生することができるのだろうか。

私は愛知県内にある寝具店の四代目として生まれた。

家業の創業は１９３６（昭和11）年。曽祖父が始めた「町のふとん屋」は、戦争、復興、経済成長、IT化といった社会の激動を横目に見ながら、典型的なレガシーになった。

創業期、成長期、成熟期、衰退期という企業のライフサイクルに当てはめると、片足どころか首元までどっぷり衰退期に漬かっている事業だった。

しかし、四代目として生まれた私は家業を継ぐという道を選んだ。

大学で経営を学び、銀行で中小企業向けの融資業務を経験し、「銀行を辞めるなんてもったいない」という周囲の声に耳を塞いで、家業を継ぐことにした。

以来、思いついたことや業界内外で見聞きしたアイデアを手当たり次第に試してきた。

メインの顧客層を高齢者から30代に変えて、内装もカフェのように変えた。

秋冬にしか売れないふとんをどかし、通年で売れるベッドとマットレスを前面に出した。

「PCの見過ぎで肩がこる」「首が痛い」と悩む人たちの声を聞き、効果が期待できそうなオーダー枕をさらに前面に押し出した。

その結果、戦前に作られた「ふとん売り」の事業モデルは、「快眠」を売る事業モデルに変わった。

お客さんが増え、商圏が広がったため、今は「快眠」に特化した店の多店舗展開に奔走している。

廃業、閉店、倒産の話しか聞こえてこなかった寝具業界のなかで、まさか新規出店で忙しくなるとは思わなかった。

この経験からいえるのは、どんな事業もリバイバルできるということだ。

ＩＴ化、ＳＮＳやデータを活用したマーケティングなど、異業種では当たり前に導入されていることが、レガシー産業では未着手のまま放置されていることが多い。

つまり、レガシー化が進んでいる産業ほど打てる手が多く、リバイバルに向けて変革できる可能性が大きいのだ。

本書は、老舗寝具店というレガシーな環境で生まれ育った私が、再生に向けてどんな点に注目し、どんな施策を行ったかをまとめた。

業種や業界の枠を超えて、レガシー化の回避や衰退期からの脱却を目指す人のヒントになればうれしい限りである。

LEGACY REVIVAL　老舗寝具店四代目、業界復興への挑戦　目次

第3章 売るものは変えない、売り方を変える

第5章
人生の1／3を費やす睡眠――快適な眠りを提案するビジネスに勝機あり

第1章

寝具業界の栄枯盛衰を見て育ち、四代目に芽生えた「経営者マインド」

「町のふとん屋さん」の黄金期

「あ、ＵＦＯだ！」

「よく見ろ、あれはセスナだよ！」


小学校からの帰り道、いつも一緒に帰っている友達がそう言った。

二人につられて空を見上げる。

雲一つない青空だったと思う。

ブロロロ……と軽い音を響かせ、機体から「大売り出し　髙原ふとん店」と書かれた長い短冊のような布をぶら下げていた。

（おじいちゃんの飛行機だ）

すぐに気がついた。

そろそろ売り出しの時期だったし、飛行機を飛ばす宣伝は去年もやった。

「ええと、ダイ、なんとか、タカハラ、フトン、ああ、なーんだ、タカんチの飛行機か」

風に揺れる広告を読み解いた友達が言う。タカは高原智博、私のことだ。

「え？　ああ、ウチの宣伝か」

私はあえてとぼけてみせた。

自慢したい気持ちと、なんとなく恥ずかしい気持ちが入り混じり、きっとそのときの表情はぎこちなかっただろうと思う。

友達二人と私は、飛行機が見えなくなるまで空を見上げていた。

だんだんと飛行機が小さくなっていき、エンジン音が聞こえなくなっていく。

飛行機が東の空へ消えた頃、友達が聞いた。

「大人になったらさ、タカもアレに乗るのか？」

宣伝の会社の飛行機だったのだが、彼はどうやらウチが所有していると勘違いしているようだった。

「さあ、どうかなあ」

乗ってみたい気持ちはあった。

高いところから町を見下ろす気分はどんなもんだろう。ただ、高いところは苦手だ。

そんなことを考えながら、二人と別れて家に向かった。

質実剛健の家族経営

家は商店街にある「髙原ふとん店」だ。

1階が店舗、店の2階と店の奥の建物が住居になっている。従業員は、祖父、祖母、父、母の4人で、祖父が二代目の店主である。

家に着き店のドアを開けると、祖母がお客さんと話していた。

20代の女性と、その母親らしき人がお客さんだ。

きっと結婚が近く、嫁入り道具としてふとんを一式購入するお客さんだろうと思った。

「こんにちは」お客さんに挨拶し、ランドセルを下ろす。

「こんにちは。あら、ずいぶん大きくなったわね」母親らしき女性が言う。

小さい頃の自分を知っている常連さんなのだろう。

誰か正確には思い出せなかったが、顔はなんとなく見覚えがあった。

お客さんと話したり、話しかけられたりするのは日常的なことだった。

知り合いとまではいかないが、だいたいのお客さんが顔見知りだ。お客さんはほとんど町内の人で、子ども会や商店街の会合などで会う機会もある。

高原ふとん店の開業は1936（昭和11）年で、戦前から地域に根ざした店を続けている。昔からの常連のお客さんや、親子で買ってくれているお客さんが多いのもそのためだ。

町内に高原という苗字がほとんどいなかったこともあって、学校などで高原というと「ふとん屋の子」と認識されることも多かった。祖父母や両親と仲が良い常連さんのなかには、小学生の私を四代目と呼ぶ人もいた。

「3年生？　それとも、もう4年生になったのかしら？」母親らしき女性が聞く。

「4年生です」

「そう。学校の勉強、大変でしょう？」

「そうでもないよ。算数とか、わりと得意だし」

「さすが。次の次の後継ぎも安心ね」女性は笑顔で祖母にそう言った。

「どうなんでしょう。さ、上がって宿題を済ませちゃいなさい」

「はーい」

祖母に促され、重いランドセルを再び持ち上げる。お客さんに「さよなら」と言い、2階の部屋へ向かった。

店の奥の作業場では祖父がふとんを打ち直していた。

「おじいちゃん、ただいま」

「おう、おかえり」

「帰り道に宣伝のセスナが飛んでたよ」

「そうか。かっこよかったろう?」

「うん、友達がさ、いつか乗ってみたいって」

そう伝えると、祖父は少し笑みを見せて、また作業に没頭した。

店では祖父と祖母が手作業で綿のふとんを作っている。

今でいうとオーダーメイドに近く、お客さんの要望に応じてサイズや柄、生地などを調整する。

売り上げは新婚夫婦が買う婚礼用ふとんがメインで、月に10件ほどだったと思う。件数で見れば多くはない。

しかし、婚礼用は枚数が多い。夫婦用だけでなく来客用を数組作り、座ぶとんも夏用と冬用をそれぞれ10枚くらい仕立てる。

一組仕立てるのにはそれなりの時間がかかる。平均で2週間くらいだ。

完成したふとんなどは一式まとめて配達するため、祖父も祖母も両親も、毎日忙しくしていた。

祖父はふとん作りと配達、祖母は店での接客とふとん作りの手伝い、父は営業関係全般、母は店での接客と経理関係。おおよそ、そんな役回りだった。

半世紀にわたる業界の成長

商店街のふとん屋は、今はすっかり珍しい存在になったが、当時は「ふとんは町のふとん屋で買う」のが普通で、店がある商店街のなかにも、ほかに2、3軒のふとん屋があったと思う。

さらに前に遡ると、曽祖父である初代が店を構えた昭和10年代頃の高原ふとん店では、綿のふとんも扱うが、ふとんに詰める綿も扱っていたという。

曽祖父が店を開いたのは、ふとん屋という商売の黎明期だった。

高原ふとん店の開店の年（1936年）は、その後、太平洋戦争へとつながっていく日中戦争が始まる前年だった。

軍需優先の方針のもと、38年には国家総動員法が公布され、国力の源となる物資や生産力などは政府の統制下に置かれる。綿製品も例外ではなく、同年には製造や販売が禁止になり、綿製品はすべて輸出にまわされるようになった。

ふとんに使われる綿は輸入に頼るしかなかったため、とても貴重なものとなった。

私が小学生だった頃、綿のふとんが家財として貴重に扱われ、嫁入り道具の一つになっていたのも、そのような背景によって綿の財産的な価値が認知されていたからだと思う。

戦前は、各家庭で呉服屋や綿屋などから綿を購入し、ふとんを家で作ることが多かったらしい。

高原ふとん店も、元々は初代が西尾の呉服商からのれん分けして独立して生まれた店だ。当時の写真を見ると、店先に「かや（蚊帳）」と書いたのれんが掲げられている。

蚊帳も、今や見る機会がなくなった昭和の夏の風物詩だが、その頃はふとん店で蚊帳がよく売れていたようだ。

また、ふとんの綿は使い込むうちに硬くなっていくため、固まったふとんの綿を機械に掛けて、ほぐす「打ち直し」もふとん屋の重要な仕事の一つだった。

ふとんが製品として広く売られるようになったのは戦後のことだ。

戦後の復興から高度経済成長期に入り、人々の生活が豊かになっていく。

その流れに乗り、ふとんは各家庭に普及し、ふとんが家にあることや、ふとん屋で良いふとんを買うことが当たり前になっていった。

また、化学繊維が普及し、合繊の綿を使うふとんや毛布も普及するようになり、寝具類の選択肢が増えていったのもこの頃からだ。

業界の成長の様子を、創業期、成長期、成熟期、衰退期に分けるとすれば、曽祖父から祖父に代替わりしたこの頃は、まさに成長期を急スピードで駆け上がっていく時代だった。

さらにスピードは加速する。

その要因の一つは、80年代後半から日本がバブル景気になり、人々の生活がさらに豊かになったことだ。

この頃から、一部のお金持ちが使っている程度だった羽毛ふとんが一般家庭にも普及するようになった。

今も綿のふとんのずっしりとした感覚を好む人は多いが、機能的に見て羽毛ふとんは優れていた。

何しろ、軽くて暖かい。

まだまだ高価ではあったが、90年頃からは円高の影響などもあって少しずつ手に届きやすくなり、綿ふとんからの買い替えで業界全体が潤った。

成長が加速したもう一つの要因は地域性によるものだ。

名古屋を中心に愛知県内の結婚は「派手であるほどよし」とする慣習があり、家財の一つであるふとんも高級品が好まれ、それが大きな売り上げになった。

家族経営の小さなふとん店がセスナ機を飛ばして宣伝できたのも、バブルであり、愛知であったからだろうと思う。

そのときは、まさか数年後にバブルが弾けるとも、それから二十数年にわたる不況に見舞われるとも思っていなかった。

業界についても、さすがに未来永劫、好況が続くとは思っている人はいなかっただろうが、好況をアピールするかのようにセスナ機が空を飛び回っていた頃がピークなのだと気づくこともなかった。

羽毛ふとんを軸に2号店を開店

高原ふとん店の2号店を出したのは1992（平成4）年で、私が小学校6年生のときだ。都市部ではすでにバブルが弾け、地方にも着々とその影が伸びていた。

そのせいもあってか、既存店がある商店街は徐々に寂れつつあり、人通りが減り、高齢化が進んでいた。

その状況を打破するための2号店出店だった。

既存店は祖父と祖母が切り盛りし、綿のふとん作りも引き続きここで行う。祖父母と昔から付き合いがある常連さんがメインのお客さんだった。

2号店は3階建ての鉄筋コンクリート造で、当時38歳だった父が中心となり、母と二人で運営した。

「睡眠ハウスたかはら」

それが2号店の店名だった。

出店場所は、既存店から5分ほど離れたところで、店がある西尾市を横断する大きな街道沿いだ。

既存店よりも若い新婚の夫婦などをメインのお客さんとして狙い、店構えも若い人向けにした。

市外の人にもアクセスが良い場所を選ぶことで、近隣の岡崎市、安城市、碧南市、高浜市などへ商圏を広げる狙いもあった。

また、2号店では羽毛ふとんの取り扱いを増やした。若いお客さんが多いこともあり、綿よりも羽毛のふとんのほうがよく売れた。

綿のふとんは、綿と生地を仕入れて店で作れるが、羽毛ふとんは作れない。羽毛の仕入れルートがなく、手作業ではメーカーが作るレベルには及ばない。

そのため、2号店を出店し、羽毛ふとんを扱うようになってからは、ふとん作りの作業が少しずつ減っていった。メーカーから羽毛ふとんを仕入れ、店頭で売る小売店型の事業に軸足を置くようになったのもこの頃からだ。

あとで聞いた話だが、2号店を建てた場所には古い倉庫があり、その土地を買って出店したのだそうだ。

ほかにも倉庫用としていくつか土地を持っていた。

もちろん、ローンを組んで買っていたのだと思うが、このことからもバブル期前後のふとん業界が儲かっていたことが分かる。

車を買ったのもうちが近所で一番早かったのではないか。

業務用のハイエースではなく、マイカーである。

この頃に祖父が乗っていたのはトヨタのクラウンで、そのあともずっとクラウンだった。

当時「いつかはクラウン」というCMのキャッチコピーがあったが、祖父は「いつでもクラウン」だった。

新しいモデルが出るたびにトヨタの営業マンが来て、試乗する。

たぶん、車検が来るまで乗ったことはなく、その前に買い替えていた。

ハレの日に携われる喜び

バブルは崩壊していたが、結婚のようなハレの日のお金が急に消えることはない。

婚礼用のふとんは引き続き好調だった。

景気に関係なく、結婚する夫婦はいつの時代もいる。

婚礼用のふとん一式でだいたい50万円になる。なかには100万円分買っていくお客さんもいた。

仕立て終えたふとんは店のハイエースに乗せてお客さんの家に配達する。

ずっしりと重い綿のふとんを積み込み、車に紅白の幕をかけて、町内を練り歩くようにして慶事をアピールする。

小学校の高学年になった頃から、祖父に連れられて配達に行く機会が増えた。

これがとても楽しみだった。

届け先に行くと、ご祝儀としてお小遣いをもらえることが多かったからだ。

1000円もらえるときがあれば、5000円もらったこともあった。

ハレの行事はお客さんの気前が良くなる。お小遣いのことだけに限らず、みんな笑顔で幸せそうにしている。

「おめでとうございます」と伝え、「ありがとう」と言われる。

温かい雰囲気のなかでお客さんと接するのもうれしかった。

配達は、その道中で祖父といろいろな話ができるのも楽しみだった。

祖父は職人気質の性格で、あまりペラペラと喋るほうではない。

子どもが店の中をウロウロすることを嫌い、私も二人の弟たちも、店内ではしゃいで怒られたことが何度もあった。

一方で、仕事をしていないときはめっぽう優しく、いろいろなことを話してくれた。

商売のこと、将来のこと、家族のことについて話した。

いまいち話の内容はよく分からなかったが、政治や経済の話もよくしていた。

株の話をしていたのを覚えている。

これもバブル時代の名残なのかもしれないが、自宅の食卓の上には分厚い会社四季報が置いてあった。

飲食店の株主優待券がたくさんあり、それで家族で食事に行った。

株で儲かったのかどうか分からないが、株をやっていたのだから、経済的にはそこそこ余裕があったのだろうと思う。

そういえば、祖父が別荘を買ったのもこの頃だった。

県内の海に近い場所で、リゾートマンションの一室を買った。

夏になると家族で出かけて、海で遊ぶ。私も弟たちもこの小旅行が大好きだった。

祖父と祖母はメーカーの招待でよく海外旅行もしていた。

「また海外？」

羨ましそうに聞くと、祖父はたいてい「まあ、これも仕事のうちさ」と答える。

その表情は「仕方ない」でも「めんどうだなあ」でもなく、とてもうれしそうだった。

自然と芽生えた四代目の自覚

いずれ父が三代目として店を継ぎ、そのあとは私が四代目になる。

自然とそう思うようになったのも祖父と話をしていたからだろう。

「ふとんを売るなら、ふとんに詳しくなければならない。ただ、それだけじゃだめだ。商売の基本を学ぶこと。経営を学ぶ。それが大事だぞ」

ハンドルを握りながら、助手席の私に話しかける。

当時の私には経営が何なのかはよく分からなかったが、もともと勉強は嫌いではない。祖父が勧めるのだから、きっと経営は面白いものなのだろうと思った。

それから数年後、私は名古屋大学の経済学部で経営を学ぶことになる。

振り返ってみれば、そのような道を進むことも、すでに小学校の頃から形作られていたように思う。

高校は大学への足がかりだから、きちんと勉強して優秀な成績を残す。ただ、進学校でなくても良い。いずれ店を継ぐことを考えれば、むしろ離れたところにある進学校より地元の高校のほうがいい。

大学では経営を学んで商売の基礎知識を蓄える。卒業したら、まずは一般企業に勤めて社会勉強する。そのあと、家業に入って後継ぎになる。

「すぐに家を手伝ったらだめなの？」

「外の世界を知ったほうがいい。世の中にはいろんな人がいるだろう。いろんな仕事をしている人がいて、いろんな考えを持っている。そういう人たちがうちの大事なお客さんだ。お客さんに喜んでもらうためには、外の人がどんなふうに働き、どんなことを望んでいるか知らないといけない」

祖父はそう言い、私のキャリアパスを描いてくれた。

当時はキャリアパスなどという言葉はなく、祖父がどれくらい本気で私の進路を考えていたのかも分からない。

ただ、私は結果として祖父が言ったとおりの進路を歩んだ。

地元の高校に通い、大学で経営を学び、いったん銀行に勤めて、家業を継ぐことになった。

低コスト、高利益の事業モデル

祖父母や両親に商売のセンスがあったのかどうかはよく分からない。

今では想像しにくいかもしれないが、ショッピングセンターもないしホームセンターや通販もない時代だ。ふとんは地域のふとん屋で買うのが当たり前だった。

そのような環境や地域性が商売の追い風になっていた側面はあるだろう。

ただ、振り返ってみると、それなりに儲かっていた理由が二つ思いつく。

一つは、祖父母や両親が、愚直に、熱心に働いていたことだ。真面目に働くことが素直に報われた時代だったといっても良いだろう。

祖父は、ふたこと目には「信用が第一」と言い、お客さんが満足するふとんにこだわった。店では祖母が生地選びから手伝い、ときには2時間くらいかけて細かな注文を聞き出した。

父は祖父よりも社交的な性格で、母は滅多に怒ることがない温和で優しい人だ。そのような性格を活かして、母はお店でファンを増やした。

父は営業に走り回るだけでなく、地域の会の幹事などを積極的に買って出た。祖父も地域の会の要職を務めていたが、父はさらに幅広く活動し、業界内外で人脈を増やしていった。おかげで、地域にはほかにもふとん屋があったが、売り上げ、知名度、お客さんの数などさまざまな面で、高原ふとん店がずっと商圏のトップだった。

店が繁盛していた理由としてもう一つ思いつくのは、事業がコンパクトで無駄がなかったことである。

高原ふとん店は家族のみで経営している。本店も自宅も2号店も賃貸ではなく所有していたため地代などの固定費がない。

ふとんは祖父と祖母が作るため、材料費はそれなりにかかるが、宣伝費以外の外注費と人件費がかからず、利益率が高い。

おそらく、ふとん1枚の原価は50％前後で、3割くらいは利益になっていたのではないか。

仮に一式50万円の婚礼用ふとんが月10組、年間で１２０組売れるとすると、売り上げで６０００万円、利益が30％で１８００万円くらいになる。そこに、ふとんの打ち直しの売り上げが乗る。打ち直しは3年に1回くらいあり、これもほとんど材料費がかからないため、利益率が高い。

コストとリスクを抑えながら利益とシェアを伸ばす。人脈を太くしてシェアを守る。商売の基本ともいえるシンプルな戦略だが、安定した市場のなかではこの戦略が機能していた。

羽毛の普及と業界環境の変化

私が高校生になるくらいまでの寝具業界は、栄枯盛衰の栄と盛であった。

一方で、私が高校に入った90年代後半頃から、枯と衰の影がチラつくようになった。

まずは販売チャネルの増加だ。

ショッピングセンターなどの量販店や通販でふとんが買えるようになり、それが当たり前になっていった。

次に価格破壊である。メーカー側では羽毛ふとんの量産体制ができ、低価格化が進んだ。また、販売チャネルが増えたことで価格競争に拍車がかかった。

店でふとんを作り、店で売る従来の製造販売の事業と比べると、羽毛ふとんを仕入れて売る小売店型の事業は利益率が低くなる。綿ふとんから羽毛ふとんに買い替える人の需要で一定の売り上げは確保できたが、低価格化の波はじわじわと経営を苦しくしていった。

それまでの大きな収入源であった婚礼用ふとんに関しても、ライフスタイルの変化によって徐々に需要が減っていった。

新婚夫婦が小さめのマンションやアパートなどで新生活をスタートするようになり、大量のふとんを買う人が減った。

フローリングの部屋が増えて座ぶとんが不要になり、ベッドが普及して敷きふとんが不要になった。

店の商圏内ではまだ結婚するときはふとんを一式、地元でそろえるという文化が残っていたが、それでも売り上げは目に見えて減っていった。

うっすらと記憶しているのは、この頃までは「育ち盛りはたくさん食え」と言われ、夕飯にステーキがよく出ていたが、徐々に少なくなっていったように思う。

祖父の夕食も、繁盛していた頃は毎晩のように店の前の魚屋で魚を刺身に捌いてもらっていたが、この頃からあまり食べなくなったように思う。

もしかして逆風が吹いているのかもしれない。

そう感じたのは、名古屋伏見の繊維街にあった比較的大きな取引先が倒産したときだった。

市内でも経営が厳しくなったふとん屋が何軒か廃業した。

ふとんが売れなくなったわけではない。

羽毛ふとんはよく売れていたし、特に羽毛ふとん大手の西川のふとんは人気だった。

西川は、室町時代から続く老舗で、ふとんの販売も明治時代から手掛けている。寝具業界の代表的な企業であり、ブランドと言っても良いだろう。

大手の商品だけあって、質が良い。価格も手頃だ。

店でも少しだけだが西川商品の取り扱いがあり、どの商品も評判が良かった。

ただ、売れる商品はあるのだが、「町のふとん屋」という事業モデルが厳しくなっていた。

昭和の時代で成長した事業モデルが、平成に変わった頃から明らかに輝きを失っていた。

人の流れが変わっている。町のふとん屋でふとんを買っていた人たちが、量販店や通販に流れている。

「何か新しいことをやらないとなあ」
配達の途中、運転中の祖父がポツリとつぶやいた。
助手席の私は、祖父がどんな構想を練っているのか興味を持った。
窓の外を見ると、数年前にはなかった新しいビルやマンションがいくつも建っている。
通りをいくつか越えた先には、大型のショッピングセンターもできていた。
高い建物が増えたせいか、空が狭くなったように感じられた。
今はもう宣伝のセスナを飛ばすこともなくなっていた。
飛ばしたとしても、このビル群のなかでは目立たないだろう。
街並みは変わる。
市場も変わる。
周りが変わるのであれば、店の経営も変わらなければならない。
「ふとんだけじゃだめだ。商売の基本を学ぶことが大事」
祖父が言っていた言葉の意味が分かったのも、たぶん、この頃だったと思う。

オーダーメイド事業の原点を作る

ふとん屋経営の次の一手として、羽毛ふとんなどを仕入れて売る小売店型を目指す道もあったはずだと思う。

しかし、祖父と父は乗り気ではなかった。

小売店は品ぞろえと価格で比べられる。資本力がある量販店や通販に勝てる見込みは薄かったし、価格競争が進めばさらに経営が苦しくなるだろうと読んでいたからだ。

そこで考え出したのが、髙原ブランドで羽毛ふとんを作る事業だった。

掛けふとんや敷きふとんを１枚からオーダーメイドで作るＯＥＭ事業だ。

製造元の工場は、倒産した取引先の人に紹介してもらった。規格、色、サイズなど細かな注文に対応でき、受注から１週間ほどで出来上がる。

この事業は父が中心となって動かし、新たな収入源を作り出した。

起死回生、とまではいかなかったが、既存のお客さんを中心に一定の需要を獲得できた。

独自性を打ち出すことで価格競争に巻き込まれる道も回避できた。

ＯＥＭ事業は店にとって新たな挑戦だった。

しかし、祖父と父はこの事業に自信を持っていた。

買い替え頻度が低いふとんで利益を得るためには、利益率が低い商品をたくさん売る小売店型の事業より、利幅を維持できるオーダーメイド事業のほうが良いという判断だった。

実際、ＯＥＭ事業は、私が家業に入るまで着々と売り上げを作った。

この10年で世の中の購入パターンは大きく変わり、ショッピングセンターなどの量販店や通販のほかにネットショップという強力なチャネルも確立した。

その荒波のなかでも売り上げを確保できたのは、良いものを適正価格で売るオーダーメイドという事業があったからだと思う。

ＯＥＭ事業を始めたのは、新しいことへの挑戦を好む祖父の性格も影響していたのかもしれない。

私もどちらかというと新しいことをやりたがるタイプだ。その性格は祖父譲りなのだろうと思う。

その祖父が病気で他界したのは私が高校3年生のときだった。

私が高校生になり、店がＯＥＭ事業に取り組み始めた頃から体調を崩し、あっという間にいなくなってしまった。
毎日顔を合わせていた人が急にいなくなる。あの感覚は不思議だ。
「信用は大切だぞ。作るのは大変だが、崩れるのは一瞬だ」
祖父がそう言っていたのを思い出す。
満足できるふとんを作る。
不満な点があればすぐに直す。
綿ふとんが手作業だったからこそできた面もあるが、祖父は決して手を抜かなかった。
安易なことはやらない。ずるいことや、曲がったことはもってのほかだ。
その考えは職人気質の振る舞いに現れていた。
たくさん話を聞いたはずだったが、まだまだ話し足りない気がした。
祖父が大好きだった。
父のことも、母も祖母も好きだったが、祖父はもっと好きだった。

地域とのつながりは店の財産

祖父はいなくなったが、店は続く。

父が三代目の店主となり、私は祖父の勧めのとおりに経済学部に入り、経営を学び始めた。

人手が足りなくなったため、1号店は祖母が細々と営業することにして、2号店をメインにした。

両親と祖母の三人で店を支え、私や弟たちがたまに手伝いをして、祖父が抜けた穴を全員で埋めた。

三代目となった父は、祖父とは性格が違ったが、仕事に真面目で、プライドを持っている点は同じだった。

仕事に対するプライドはむしろ祖父よりも父のほうが強かったかもしれない。

私が知る限り、父がお客さんにへつらって接客している姿は見たことがない。

売り上げは以前よりも減っていたはずだが、安易な値引きもしなかった。

店で扱っている商品に自信があったのだと思う。

祖父からは、配達などを手伝いながら会話を通じてさまざまなことを教えてもらった。一方、父からは会話ではなく、働く姿勢や背中を見て学んだことが多い。父も、言葉で説明するより、自分の仕事を見て学び取ってほしいと思っていたと思う。

ちょうどこの頃、父が雑誌の取材で芸能人と対談したことがあった。取材のテーマは寝具についてで、撮影は2号店で行われた。

高校生だった私は、友人を連れてその様子を見に行った。初めて生で見た芸能人にドキドキし、芸能人と楽しそうに話す父を見て誇らしい気持ちになった。

今思えば、それも自分の姿を見せて何かを学んでほしいという思いがあったのだと思う。父は、寝具業界を盛り上げ、一つ上のレベルに持ち上げたいという意志も強かった。そのため、商店街や市の集まりなどに積極的に参加していた。市とのパイプを活用して地域の事業者たちの要望を伝えたり、企業家の同友会の会長を務めたりして、業界外でも人脈を広げた。

父の取り組みにより、店と父の地域内での信用は一段と強くなっていった。

地域とのつながりを大切にしたのは、地域とのつながりが店の貴重な財産の一つであり、曽祖父、祖父の代から受け継いだ遺産であると認識していたからだろう。

地域貢献は、地域の発展のための活動であり、店を応援し、支えてくれていることへの感謝の証でもあったのだと思う。

父のそのような姿勢は、やがて家業を継ぐこととなる私にとっては商売人の手本のようであった。

個人店の限界を実感

大学に入り、資格を取ろうと思ったのも父の影響が強い。

父は税理士の資格を持っている。それが少なからず経営にも生きている。

私も何か資格を取ろう。そう考えて、大学2年生のときに中小企業診断士の資格取得に向けて勉強を始めた。

学校へ通いつつ、週2回、専門学校に通って1回3時間の授業を受けた。

実は、資格を取ろうと思ったのには別の理由もあった。

私は高校と大学を推薦入学で進学してきたため、試験のために勉強した経験がない。

そこが自分のなかで引っかかっていた。楽をしたわけではないし、推薦を受けるためにきちんと勉強もしていた。その一方で、受験という目標に向かって努力する経験が欠けている気がしていたのだ。

資格の試験は、そのモヤモヤを晴らす良い機会になった。

試験勉強では、経済学や経済政策など基礎的なことから、企業の財務諸表の読み方など細かなことまで幅広く学んだ。

そこで得た知識は、そのあとの銀行の仕事でも家業に入ってからの仕事でも生きていると思う。

ただ、当時の私にとって重要だったのは、試験に通ったという結果と、通るために努力したという過程だった気がする。

合格率が低く、学生の合格者が少ない試験に通った。そのことが、そのあとの自分の自信になった。

大学の勉強は面白かった。中小企業診断士の勉強も面白かった。

特に関心を持ったのはマーケティングだ。

例えば、マーケティングには自社や自社商品を分析する４Ｐというフレームワークがある。

4Pは、Product（商品）、Price（価格と価格戦略）、Place（販路と流通）、Promotion（宣伝）の四つで、4方向の視点からアプローチしながら自社や自社商品の差別化方法などを見つけていく。

なんとなく、ふとん屋を当てはめてみたら、絶望感が生まれ、期待感も生まれた。

絶望したのは、現状のふとん屋の事業にマーケティングや差別化といった発想がまったく反映されていないように感じたからだ。

どのふとん屋も扱っている商品の差はほとんどない。

厳密には細かな違いはあるのだが、買い手である消費者が認識できるような差はなく、差を打ち出すような宣伝もない。

販路や流通も工夫がなく、店頭に並べてお客さんが来るのを待っているだけだ。

店内のレイアウトやディスプレイを定期的に変えているふとん屋はないし、寝具類には夏物と冬物があるが、季節で商品を並べ替えている店もほとんどない。

それでいて価格は高い。定価が基本的に高いのだが、先週まで15万円で売っていた高級羽毛ふとんが、売り出しで急に半額になったりする曖昧さと不透明さがある。

競合の量販店はどうかというと、売り場が広く、きれいだ。通販は全国規模の販路があり、宣伝もうまい。

いずれも商品の質についてはは最高級とまではいかないかもしれないが、一定の品質が保証されているし、安定している。価格競争力もある。

「これじゃあ勝てない」

そう思わざるを得なかった。

ただ、期待でワクワクする気持ちもあった。

現状のふとん屋事業が旧態依然としているのであれば、これからマーケティングなどを取り入れることによって大きな変化を起こせるかもしれないと思ったからだ。

個人店は資本力も認知度も会社としての体力もない。

どうすれば生き残れるのだろうか。

個人店が勝てる土俵はどんな土俵なのだろうか。

ぼんやりだが、そんなことを考え始めるようになっていた。

現場に立って経営のリアルを学ぶ

中小企業診断士の試験は2次試験に通ると実務補習がある。実務補修は、受験者がグループで企業を訪問し、経営の現状分析や改善提案をするというものだ。

私は大学4年生の秋に実務補習に参加し、そのときに初めて生きた経営に触れたと感じた。幼い頃から家業を間近で見てきたが、実務補習で見る経営ではヒト・モノ・カネがリアルに動く。その生なましさが面白かった。

当時の私にとって、家業はあくまで祖父や父の仕事であり、学問もあくまで学問だったのだと思う。

机上の理論を語るのは簡単だ。横から口出しするのも簡単である。

しかし、事業の当事者になったらそうはいかない。

現場に立ち、責任を背負うことで、初めて見えるようになる経営の難しさがあるのだろうと思った。

大学を卒業し、銀行に就職したのは2004（平成16）年のことだ。

入行してからは、さらに経営に触れる機会が増えた。

配属先は地元に近い岡崎支店で、法人向けに融資を行う営業担当となった。

最初の1年間は融資の事務作業だ。先輩の行員が地域を回り、案件を取ってくる。財務諸表などを見て融資可能かどうかを判断し、稟議書を書くなどして実行にこぎ着けるまでの一連の流れに関わる。

２年目からは現場に出て、既存のお客さんを中心に融資案件を探す。

担当は30社くらいだった。地域柄、自動車関連の工場などが多かった。世の中ではＩＴバブルの名残でハイテク系の会社が注目されていたが、岡崎は製造業の会社が多い土地柄もあってか、もの作りに勤しむ堅実な会社が多かった。

きちんと売り上げを作り、利益を残す。

信頼と実績で仕事を増やし、増えた分に対応するために設備を拡張する。

そのような基礎を踏まえている会社が多く、計画が慎重だから融資もしやすい。

銀行や信用金庫など、貸す側から見れば優良顧客が多かった。

優良顧客であるということは、貸し手を選べるということだ。

その点で、私が勤めた銀行は不利だったと思う。大手グループである分、地元の金融機関よりも金利が高いからだ。

「お金には色がない。誰から借りてもお金はお金だ」

外回りするようになった頃、先輩にそう教わった。

そのとおりだと思った。

お客さんが必要なのはお金であり、誰から借りても1億円は1億円だ。お金は商品力で差別化することができない。

どこから借りるか。誰から借りるか。

それを決めるのは担当者の信用なのだろうと思った。

ふとんの販売チャネルが多様化しても、高原ふとん店や睡眠ハウスたかはらで買ってくれる人がいるように、誰から借りても良いからこそ、自分から借りようと思ってくれる人を増やすことが大事だ。

そのためにできることは限られていると思う。

例えば、細かな相談でも親身になって対応する。

困りごとがあれば寄り添って力になる。

すばやく連絡する。役に立ちそうな情報があれば積極的に提供する。

それくらいしか思いつかなかったが、思いついたことはすべて全力でやったと思う。

日々、業界紙を読んで自動車部品業界の動向を勉強した。

知らないことは先輩に聞き、知ったかぶりせずにお客さんに教えてもらうこともあった。

融資先の会社に自然と寄り添えたのは、地域の会社だったことも理由の一つかもしれない。

地域の会社が成長すれば、地域全体が潤う。税収も増えるし雇用も増える。

大学の4年間を除くと、私はずっと西尾市で育った。

家業も西尾市が育ててくれた。

その恩返しはいつかしなければならないと思っていたし、だからこそ、地域に根ざして活動している会社を応援したいという気持ちが強かったのだと思う。

そのような意識を持って取り組んでいたら、「髙原さんから借りたい」と言ってくれる人が現れた。

私にとっての初めてのお客さんであり、３億円の融資案件だった。

うれしかった。

受注したこともうれしいし、「髙原さんから」と指名してもらったこともうれしかった。

何よりも、祖父の話、父の背中、祖母や母の優しさなど、自分のなかに蓄積してきたさまざまなピースが一つになったような感覚がして、それがとてもうれしかった。

融資担当になって感じたのは、中小企業は面白く、魅力的だということだ。

業績が良い会社ほど、社長が自社の製品に自信を持ち、従業員を誇りに感じている。

ニワトリとタマゴはどちらが先かという議論になるが、自信が積極的な挑戦につながり、さらに良い製品が生まれる。

従業員を大切にするから、従業員たちが努力し、さらに良い会社に変わっていく。

そういうサイクルを生み出している会社が理想的で羨ましかった。

下世話な話になるが、事業がうまくいっている会社は社長の給料が高く、当時の私と同年代くらいで、私より一桁多い額の収入を得ている人もいた。

その事実を知ったときも「羨ましいなあ」と思った。

そう感じたこともあって、将来の四代目として家業に入る意識は固まった。

もともと数年で辞め、家業に入るつもりだったが、経営に関して自分が気づいたことや、実現してみたいことに早く挑戦したいと思った。

第2章

変革に待ったなし
今こそ
斜陽産業を変える

決断のとき

「そろそろ、かな」私が言う。
「そうね。そろそろかもしれないわね」妻が答える。

そんな会話をしたのは２００６（平成18）年の年末、銀行に就職してもうすぐ3年が経とうという頃だったと思う。

妻は銀行の同期で、３年の付き合いを経てこの翌年に結婚した。

この日は仕事後に待ち合わせをして外食し、その帰り道での会話だった。

何が「そろそろ」かというと、会社を辞める時期がそろそろであるということだ。

入行したときから、いずれ辞めて家業を継ぐことは決めていた。

そのことは、付き合いを重ねていくなかで彼女であった妻にも相談し、理解してもらっていた。

入行して3年間、地元に近い岡崎市を中心に中小企業の融資を担当してきた。

学ぶことが多い3年だった。

担当するお客さんが増え、自分を信じ、頼ってくれる社長も増え、仕事はとても楽しかった。

中小企業は社長の手腕が経営を大きく左右する。一つひとつの判断がそのあとの経営を決めることもある。

私は融資担当だったため、社長と接するのは設備投資や事業拡張のタイミングなどが多かった。

融資を受けると決めるのも重要な経営判断ではあるが、その背景には、もっと重要な判断がある。

例えば、会社をどう変えていくか決める。どれくらいのペースで成長させていくのか考えて、そのために人を採り、育てる。

設備投資や融資契約といった現場の動きを見つつ、同時に、市場や業界の動向を見ながら経営全体を見る。

社長という仕事は難しいとあらためて感じた。

ときには、不採算事業を潔くやめたり、伸びそうな事業に軸足を移すといった大きな決断をしなければならないときもある。

私が担当する会社は自動車部品などの製造業が多く、機械化やＩＴ活用が経営の大きなテーマだった。

変化を取り入れることは大事だが、従来のやり方を捨てるのには勇気が必要だ。融資を受けて機械を買って、必ずうまくいくとは限らない。業務プロセスを大胆に変えれば、従来のやり方に慣れている人は反対する。

そのようなリスクと反発を覚悟のうえで、自分が「こっちだ」と思う方向を指し示す。「こっちに進むぞ」と社員全体を引っ張っていく。

突き詰めて言えば、それが社長の役割であり、経営なのだろうと思う。

そのような大役をさらりとこなしている社長もいて「すごいもんだ」と感心することもあった。

辞めるなら今しかない

銀行に残れば、さらに多くのことを学べただろうと思う。

融資と経営の実態はよく分かったが、ほかにも、ファイナンス、リスク管理、人材育成など、現場で学びたいことがたくさんあった。

しかし、私には継がなければならない仕事がある。

自分が学んできたことを、自分なりに解釈し、実行するふとん屋というホームグラウンドがある。

いつ辞めるか。

あとはタイミングの問題だった。

銀行は3年単位で持ち場が変わることが多く、私も例に漏れず、4年目から管理部門で人事を担当することになった。

辞令の話をしたら「良いタイミングなんじゃない？」と妻が言った。

私も同感だった。銀行を離れるなら今しかない。

担当したお客さんは同僚や後任に任せられる。

人事部門なら辞めやすいというわけではなかったが、少なくとも自分の都合でお客さんとの付き合いを放り出すことにはならない。

そこから退職に向けた準備にとりかかった。

実際に辞めたのは、人事部門に異動して5カ月後のことだった。

銀行を辞めて家業を継ぐ。

そう伝えたときの父の反応は素っ気なかったが、うれしそうだった。

いずれ家業に入ることは伝えてあったし、四代目として店を継ぐことも家のなかでは〝内定〟していた。

特に驚くことはなかったはずだ。

むしろ、寝具業界は閉塞感が増し、店舗経営にも行き詰まりの兆候があったため、業界では若手の部類になる私に期待しているところがあったと思う。

妻の両親も賛成してくれた。

本心では、おそらく私の行く末を心配し「もう少し銀行で頑張ったほうが……」と思っていたと思う。公務員ほどではないが、銀行勤めは安定している。

もし私が義父の立場であったとしても、娘婿が「銀行を辞めてふとん屋をやる」と言ったら、反対したかもしれないし、少なくとも全力では推さなかっただろうと思う。

ただ、私の気持ちは決まっていた。

「辞めるなら早いほうが良い」

それが銀行に勤めた4年弱のなかで得た自分なりの答えだった。

私の目標は家業を継ぐことではなく、家業を再び輝かせることだ。

一般論として、年を取るほど価値観が凝り固まる。新しい取り組みを避けるようになり、他人の意見を聞けなくなる。

つまり、退職が遅くなるほど変革を起こせる可能性が小さくなる。

その危機感が「辞めるなら早いほうが良い」という答えを導き出していた。

懐かしさから湧き出た危機感

家業である「睡眠ハウスたかはら」は両親と3人の従業員が切り盛りしていた。

父が社長として経営全体を取り仕切り、接客も行う。母は事務、従業員は接客をする。

私は専務として入社し、未来の四代目として、まずは父の補佐としてふとん業界と店舗経営を学ぶこととなった。

店舗をぐるりと見渡して、懐かしさを感じた。

幼い頃から「ふとん屋の四代目」である。

身の回りにふとんがあるのは当たり前だったし、ふとん売りを中心に生活が回っていた。

祖父母、両親、兄弟、常連さんたちと過ごした思い出も多い。

店内の商品や雰囲気を久しぶりにじっくりと見て、少しの時間、ノスタルジーに浸った。

しかし、それではまずいのだ。

最後にちゃんと店内を見たのは高校生のときだ。

あれから何年が経っただろうか。

ざっくり計算しただけでも、大学に通っていた4年間と、銀行に勤めていた4年弱の間はふとん屋と離れている。

8年近く経って「懐かしく」感じたということは、8年近く経っても業態や雰囲気が変わっていないということだ。

「10年ひと昔」という言葉もあるように、8年あれば世の中は変わる。

新しい商品が生まれ、新しいサービスが普及し、暮らし方や働き方が大きく変わっている。

そのようなダイナミックな変化のなかで、ふとん屋は完全に取り残されていた。

さっそく不安を感じた。

商圏を戦場ととらえるなら、「睡眠ハウスたかはら」は8年前の武器でショッピングセンターや通販などと戦わなければならないと思ったからだ。

「変わっていなくて驚いたろう」私の頭のなかを読んだかのように、父が言う。

「驚いたよ」そう答え、ところ狭しと並べられたふとんを見て回る。

手触りは良い。羽毛がしっかり入っている。きっと質の良いふとんなのだろうと感じた。

ただ、展示方法が昔と同じだったこともあってか、見た目は以前のままだ。

高校生のとき、いや、小学校の頃の1号店と比べてみても、たいした変化がないように感じた。

もしかしたら8年前ではなく、15年くらい前の武器で戦うことになるのかもしれない。

（化石みたいだな）

そう思わずにはいられないほど、あらゆるものが昔のままだった。

現状把握からのスタート

どうにかして変えないといけない。

このままではいずれ立ち行かなくなる。

危機感はあったが、改善しなければならないところが多過ぎる。

まずは店舗経営と寝具業界の現状を把握しよう。

焦る気持ちを抑え、私はそう決めた。

業界の今が分かれば、課題も見える。改善方法が見つかり、優先順位も見えるだろうと思った。

私はふとん屋に生まれ、ふとんを売ったお金で育ててもらった。

ただ、店や事業のことは実はよく知らなかった。

儲かっているときがあり、そうでもないときがあることは感覚的には分かっていたが、あまりに身近過ぎることもあってか、事業の詳細を気にしたことがなかった。

この感覚は、実家が店や事業をしている人なら共感してくれるかもしれない。

何を売っているか、どんなことをしているかは知っていても、どうやって儲けているかという事業の根っこの部分は案外知らないものなのだ。

もしかしたらサラリーマン家庭で育った人も似ているかもしれない。

親の勤め先や仕事の概要などは知っているが、日々、具体的に何をしているか、どれくらいの給料をもらっているか知っている人は少ないのではないか。

実際、私は家業に入るまで、店の財務諸表を見たことがなかった。

売値は値札で分かるが、仕入れ値は知らない。常連さんの顔は知っているが、顧客リストがどうなっているのかは分からない。

資料とデータを見て店の基礎情報を理解すること。それが私の最初の仕事になった。

変わらない風景、変わらない日常

店の売り上げは常連さんと地域のお客さんで成り立っていた。

店の顧客データからもそれは分かったし、接客係として店舗に立っているだけでも、常連さんがほとんどで、高齢のお客さんが多いことが把握できた。

父は地域の活動に熱心に参加していたため、知り合いが多い。

店に立っていると、父の知り合いや、店の常連らしきお客さんに声を掛けられることも多かった。

「お、戻ってきたのか」

店に入ってきたお客さんに声を掛けられる。

名前は思い出せないが、顔は昔、見た覚えがある。

私のことを知っているということは、父の知り合いか、昔からの常連さんか、代々、買ってくれている家の誰かか、いずれにしても長い付き合いがある人なのだろうと思った。

「はい。今年から家を手伝うことになりました。今後とも、よろしくお願いします」

そう伝え、頭を下げる。

「そうかあ。たしか、銀行に勤めてたんだよな」

「はい。岡崎の支店で働いていました」

「お金まわりのことが分かるなら、お父さんも安心だ」

「安心させられるように頑張ります」

そう答えたが、頑張り方はまったく見えていなかった。

経営に関しては多少の土地勘がある。

家業に入る直前までは、融資取引があったお客さんとの話などを活かして、家業を盛り立てていこうと意気込んでいた。盛り立てられる自信も少なからずあった。

しかし、その自信が揺らいでいた。

当事者として経営に携わるということは、自分の判断によって店の未来を変えるということだ。

融資担当として社長の相談に乗ったり、経営状態を見てアドバイスしたりするのとはわけが違う。

責任が重い。やることが多い。

相変わらず何から手をつければ良いかは分からなかったが、何もしなければ何も変わらないということだけは分かったような気がした。

気持ちを落ち着かせ、展示品のふとんのカバーを替える。

昔からよく見る柄がカバーの全面にあしらわれていた。

この柄ひとつ見るだけでも、次から次へと疑問が浮かんだ。

「なぜ柄が付いているのだろうか」

「女性用がピンク、男性用がブルー。誰がそんなルールを決めたのか」

ふとんの価値が質と機能にあるのだとすれば、柄は特に重要ではないし、なくたっていい。

しかし、実際には店の在庫に無地のカバーは少なく、圧倒的に柄物が多かった。

世の中のニーズとずれている。トレンドとかけ離れている。

それも結局は、世の中の変化に取り残されたせいなのだろう。

空白の８年を取り戻せるだろうか。

取り残された15年を挽回できるだろうか。

そんなことを考えたら、すでに限界なのではないかと感じた。

背伸びしたいのだが頭を押さえつけられている。

飛び上がりたいのだけれど天井が邪魔している。

見慣れているはずの花柄のふとんに、自分の未来と可能性を押さえ込まれているような気がして、息苦しくなった。

売り上げと客単価が右肩下がり

経営状態は微妙だった。

銀行員の目から見ると「積極的にお金を貸したい会社」ではない。

すぐに潰れるほど悪いわけではないが、過去の累積赤字と店舗を建てたときの借入金があり、債務超過の状態だ。

業績も伸びていないし、むしろ悪化傾向にあった。

財務諸表を確認すると、メインの商品であるふとんは粗利が高く、小売りという大きな枠組みで見れば意外とあるなと思った。

ただ、売り上げが減りつつあるため、利益が出る月があれば赤字の月もあった。

お客さんの一人あたりの購入単価は明らかに下がっている。

その原因は、店の黄金期だった20年前には売り上げの柱となっていた婚礼用ふとんが減っていたためだ。

当時は月平均で10組くらい婚礼用ふとんが売れていた。

それが今は月に1、2組に減っている。引き続き買ってくれるのは、昔から付き合いがある常連さんの家族や、常連さんの紹介で来店する人だ。

婚礼用ふとんの売り上げが減った要因としては、地域の人口が減っていることや、ショッピングセンターや通販で買う人が増えたことなどが挙げられる。

ただ、それら直接的な要因よりも「ふとんをふとん屋で買う慣習」と「結婚するときにふとん一式をそろえる文化」が薄れてきたことが危機的だと思った。

その傾向が今後も続けば、婚礼用ふとんの需要はなくなる。

そうなる可能性は十分にあったし、経営視点で見ると、婚礼用ふとんに代わる新たな収益の柱を作らなければならない。

売り上げについてもう一つ問題と感じたのは、季節による波が大きいことだった。

売り上げ全体の比率としては、結婚用が減った分、日常遣いの羽毛ふとんの売り上げが増えていた。

ただ、過去の月次を見てみると、羽毛ふとんが売れ始めるのは肌寒さを感じるようになる9月頃からである。

そこから数カ月間で大きな売り上げができる。

逆に、暖かくなり始める春頃からは売れなくなる。夏はまったく売れない。簡単に言えば、秋から冬にかけて貯蓄を作り、春から夏にかけて消化するような状態だ。需要がなければ店舗を訪れる人も減り、店内は暇になる。

経営リスクを抑えるためには、このような季節変動をできるだけ平準化する必要がある。暖冬が続いたり何かしらのトラブルで冬の売り上げが減ったときに、翌春以降の経営が危うくなるからである。

春から夏の間では、タオルケットや敷きふとんが売れるが、これらは粗利が小さい。羽毛ふとんのメンテナンスもあったが、それほど件数は多くない。

月次を見ながら、あらためてふとんは暖をとるための道具なのだと思った。つまり、暖をとるという目的以外の用途で買ってもらえる商品を持たない限り、季節変動は平準化できないということだ。

常連頼みの催事で稼ぐ

徐々に売り上げが減っていくなかで、その穴埋めのような役割をしていたのが催事だった。

催事は、常連さん向けのイベントで、ふとんだけでなく、知り合いの業者などから仕入れたバッグや宝石類などを売る。

私が家業に入ったときは、年に3、4回のペースで催事を開いていた。

イベント会場として近所の公民館などを借りたり、知り合いの業者やメーカーが開く催事に参加したりすることが多く、貸し切りバスに常連さんを20人ほど乗せて、小旅行することもあった。現地で観光し、昼食を食べ、そのあと、催事の会場に連れていく催事のツアーである。

お客さんが喜んでいたかどうかは分からないが、一種の季節行事である。

店としても、帳簿を見る限りでは催事は良い収益になっていた。

ただ、その場しのぎの感もあった。

催事のお客さんは常連さんであり、つまり常連さん頼みの売り上げだ。

目先の売り上げにはなるが、10年、20年と続けていくのは難しい。常連さんの高齢化に伴い、お客さんが減っていくからである。

「催事に未来はないな」と思った。

仕入れ元や業者との付き合いを強くするという目的があるなら別だが、売り上げ目的の催事は遅かれ早かれやめることになるだろう。

そう考えると、新たな収益の軸を作る必要性は非常に高い。

しかし、何を売れば良いかは分からず、何が売れるのかも分からなかった。

あとで気づくのだが、ここに従来の経営パターンを抜け出せない原因があった。漠然と感じていた閉塞感の原因もここにあった。

私は「何を売れば良いのだろう」と考えていた。

ふとん、毛布、タオルケット、こたつふとんなど、モノ売りの目線に立って、商品を選んでいた。手持ちの商品を並べて、どれを売れば良いのか迷っていた。

ふとん屋だから寝具を売る。

それが当たり前だと思っていたのだが、実は違う。

店に来る人が何を欲しているか考え、求められているものを提供する。

店に来たことがない人が課題に感じていることを見つけ出し、課題解決につながる商品やサービスを用意する。

そこに売り上げを伸ばす鍵があり、来店者数を伸ばす答えがあったのだ。

売り手や作り手目線の商売をプロダクトアウト型、買い手目線をマーケットイン型に分けると、私は完全に前者だった。

当時はそのことに気づかないまま、売れ筋商品がない現状を悔やみ、売れる商品を作らない業界を疎ましく感じることもあった。

老舗も「変えたい」ともがいていた

何の打ち手も思い浮かばないまま無情にも時間は過ぎていった。

売り上げは以前のままだ。

何も効果的な施策を打っていないのだから当たり前である。

経営面では、むしろ私の給料が増えた分だけマイナスになった。

当時の給料は月25万円を役員報酬としてもらうことにして、ボーナスはなしにした。

26歳で年収300万円は決して多いとはいえず、銀行勤めのときよりも減った。

金額的には入行初年度の年収と同じくらいだったし、たまに連絡を取る銀行の同期たちからは昇給の話が聞こえてくる。

（もしかして、辞めなければ良かったか……）

そう思ったこともあったが、徐々に、そんなことも思わなくなった。

自分は貯金ができなくなったが、店は現預金が着々と減っている。

つまり、私はプラマイゼロだが店はマイナスである。

どちらが深刻かは明らかだったたし、店と一蓮托生となった今、自分の収入を増やすには、店の売り上げを増やすしかなかった。

どうにかしなければならない。

何をすれば良いか分からない。

その状況を打破するきっかけとなったのが「翼の会」だった。

翼の会は、寝具業界の若手経営者や経営幹部を集めて組織した会で、若手の交流を活性化することによって旧態依然とした業界にイノベーションを起こすことを目的としていた。

会を組織したのは、地域の大手卸業者の副社長だった。

当時も今も店ではこの卸業者を通して商品を仕入れている。

付き合いは祖父の代からで、結びつきが深い。そのコネクションを通じて、若手中心の会を作ると耳にした。

運良くタイミングが合い、銀行を辞めた2日後に会の発足式に参加した。

式には20代から40代の関係者が20人ほど集まっていた。私のような地域のふとん屋もいたし、業界大手である西川の社員も参加していた。

正式に会の活動がスタートしたのは、それから3カ月後のことだった。

半年に一度くらいのペースで集まり、西川のふとん工場見学、販促に関する情報交換会、店舗視察などを行うことになった。

工場見学は面白かった。

オートメーション化が進む製造現場をじかに見ることができ、製品ができるまでの過程を勉強できた。作り手の話を直接聞くことで、ふとん作りの難しさや、市場が求めるふとんの価値などについて学ぶこともできた。

ただ、当時の私は「変革しなければならない」というプレッシャーを抱えつつ、若さゆえの尖ったところもあって、西川の商品があまり好きではなかった。

良いところはたくさんある。尊敬している点や見習いたいところも多い。

例えば、歴史があり、プライドを持ってふとん作りに取り組んでいる点などは業界全体の誇りであると思う。

品質は特にすばらしい。会で知り合った西川の社員と接してみても、品質に妥協しない姿勢をひしひしと感じたし、寝具全般における知識量も飛び抜けていた。

しかし、業界の新人だった私が言うのは生意気だが、見ているところが違うように感じていた。

前述したカバーの柄の件もそうなのだが、目線が高齢者ターゲットに向き過ぎている。

高齢者向けの催事も多く、全国的に認知度は高いが、若い層の支持は薄い。

当時の私にとって、西川は尊敬できる業界のリーダーであると同時に、業界変革のために正面突破しなければならない老舗のふとん屋の象徴でもあったのだ。

会に参加して良かったことの一つは、西川の若手社員たちも「業界の古い体質から脱却しなければならない」と思い、取り組んでいると分かったことだった。

変えたいと思い、変えなければならないと思っている。

彼らは堂々とそう言い切り、繰り返し主張していた。

そう考えているのは意外だったし、うれしかった。

彼らが敵ではなく同志なのであれば、これほど心強い味方はほかにいないだろう。

一方で、業界変革の難しさもあらためて感じた。

西川ほどの大手でも業界を変えることに苦戦している。

変えようとしているのに変わっていない。

その事実が重くのしかかった。

同志を増やして課題を共有

ふとん屋はどう変われば良いのか。

変わるために何をすれば良いのか。

会でも店でも、時には家でも、常にそのことを考えていた。

翼の会でも、業界変革に向けて参加者それぞれが考えたことを議論した。

意見を交換し、自分なりに咀嚼し、何ができ、何が求められているのか考える。

半年に一度の集まりでは足りないと感じ、会で知り合った人を個人的にたずねて、話を聞かせてもらうこともあった。

名古屋市近くのふとん屋のオーナーに会いに行き、どんなふうに店作りしているか聞く。

そこでまた、全国で新しい取り組みをしているお店があると聞けば会いに行く。

卸業者に勤めている人に会いに行き、業界の動向や今後についてどんなことを考えているか聞かせてもらう。

年代は近いがそれぞれ発想が異なる。

変革のヒントを求める私にとっては、あらゆる意見が糧になった。

自分にない意見を聞くことが新鮮だったし、何よりも良かったのは、変わらなければならないという志を持つ業界内の人とつながりができたことだ。

この経験から実感したのは、同志は必ずいたほうが良いということだ。

経営は孤独だ。

自分一人で集められる情報には限界があり、発想力も制限されてしまう。

その壁を取り払ってくれるのが同志である。

「ここが限界か」と、諦めそうになったとき、「まだいける」「もっと頑張っている人がいる」と自分を奮起できるのも、やはり同志の存在があったからだと思う。

私はそのあと、会の取りまとめ役として関わることになる。

横のつながりが縦のつながりに広がり、会の活動は活性化していった。

西川の社員とのつながりも回を重ねるごとに深くなっていった。

西川は自社方針として快眠ビジネスを推進し、古い体質からの脱却を図ろうと取り組んでいた。

快眠ビジネスとは、睡眠の質を高めることに価値を生み出し、そのための取り組みや商品を事業化するものだ。

例えば、個々の体型や睡眠姿勢などに合わせて寝具を作る。

快適な眠りを得るための相談を受け、眠りに関する悩みの解決策を提供する。

そのような視点で眠りに関する事業モデルを根本的に変えていこうとしていた。

私がのちに深く関わることになる西川グループのＦＩＴ ＬＡＢＯ（フィットラボ）も、寝具のパーソナルフィットをコンセプトとする快眠ビジネスの一つだ。

フィットラボは、立った姿勢で測定器を当てて、側面は、側頭、首、肩の3点と、背面は、頭、首、背中、腰、尻の5点でのデータを取り、身長・体重を加味して、それをもとに身体に合うオーダーメイドの枕やマットレスを作る。

私は寝具のパーソナルフィットという視点で枕などをオーダーメイドで作る点に可能性を感じ、実際、フィットラボは店の事業の柱に変わっていった。

フィットラボを機に、店はふとん売り事業から快眠を提供する店に変わった。

その方向に舵を切っていくことになったのも、翼の会で大手の取り組みや業界として目指している方向が分かったからだ。

家具屋目線とふとん屋目線

会には、少数だが寝具業界以外の人も参加していた。

その一人が家具店のオーナーで、彼は私がもっとも刺激を受けた参加者でもあった。

「髙原さんとこは、ベッドは扱わないの？」彼が聞く。

個人経営や小規模なふとん屋でベッドを扱っている店は少ない。一方、世の中では半分くらいの人がベッドで寝ている。そこに疑問を感じたのだという。

「扱いたい気持ちはあるんですが、配達の手間とか古いベッドの引き取りなどを考えると、ちょっと躊躇してしまって……。同業のふとん屋も、そこがネックになっているんだと思います」

「なるほどね。もったいない気もするけど」

「そうですね。家具店ではベッドは売れ筋なんですか？」

「売れ筋とまではいかないけど、家具屋にくるお客さんは新婚さんや新居に引っ越す人だから、ひと通り家具を買っていくなかで、ベッドも見るよね」

「そうでしょうね」

「家具屋はベッド以外も大物を扱っているから、もともと配送や引き取りは業者さんに任せているし、それに、ふとんは秋冬が売れて、春夏が厳しいらしいけど、結婚や引越しは季節と関係ないから通年で売れるし」

「通年で売れるのは魅力ですね」私はそう言い、店の売り上げの季節変動が大きいことを思い出した。

「でも、家具屋の実態として、ベッドは力を入れづらいんだよ」

「どうしてですか？」

「テーブルやチェストみたいに商品によって明確な違いがあるものは提案しやすいんだけど、ベッドはベッドなんだよね。サイズ、色、デザインはそれぞれ違うんだけど、それ以外の差が分かりにくいからさ」

「そうかもしれませんね」

このときの会話で、私は店の変革につながる二つの大きなヒントを得た。

一つは、ベッドは季節変動がほとんどない寝具であるということだ。もしかしたらふとん屋の売り上げ変動リスクを小さくできる商品なのではないかと思った。

もう一つは、家具屋にとってのベッドは「家具」であり、ふとん屋にとっては「寝具」

であるということだ。

家具屋である彼は、ベッドは商品ごとの差が分かりづらいものととらえている。

しかし、私はそうは思わなかった。

たしかにベッドフレームの違いは分かりづらい。しかし、マットレスには差がある。

その差は、家具屋目線の人には分からないかもしれないが、ふとん屋目線の自分には分かる。

寝転がってもらうことで、おそらくお客さんも差を実感してくれるだろう。

ふとん屋がベッドを扱うことで「ベッドは家具屋で買うもの」という常識を変えられるような気がした。

ベッドとネット

翼の会を通じた交流で、業界の現状が分かり、課題が見え始めた。

もっとも大きな課題と感じたのは、高齢のお客さんが多いことだった。

店の顧客リストを見ても、現時点ですでにお客さんの平均年齢は50歳以上で、常連さんに限ると60歳を超えていた。

高齢者は若い人より経済力があり、ふとん屋が扱うような高額な商品を買ってくれる。

しかし、その需要はいずれ頭打ちになる。

ふとんは耐久消費財であり、頻繁に買い替えるモノではない。

彼らはすでに、それなりに満足できる寝具を購入済みだ。

高額な商品を並べ、次の買い替えのタイミングを待つだけの戦略にはどう考えても無理があると思った。

ならば、ターゲット層を変えなければならない。

新たなターゲットは必然的に若い層ということになるだろう。

現状、若い層は安さと手軽さ便利さで量販店、通販、ネットショップへ流れている。

彼らを呼び戻すための施策が必要だった。

すぐに思いついた施策は二つあった。

一つはベッドだ。

これは家具屋の友人との話がヒントになった。

もう一つはネットである。

ベッドの取り扱いを始めて、若い層が来店する理由を作る。

店のウェブサイトや寝具に関するブログを通じて、若い層とつながる道を作る。

異業種を見ると、どの店もウェブサイトを持っている。ブログで情報発信し、コミュニケーションをとっている。

しかし、ふとん屋では珍しい。

旧態依然とした業界は変革が難しいが、旧態依然としているからこその利点もある。

ほかの業種では当たり前に行われているあらゆる施策が未着手だから、できることが多いのだ。

放置していた残り半分の需要にアプローチ

ベッドを取り扱うことについては、家業に入ったときから関心を向けていた。

ふとん屋にとっての敷き寝具は敷きふとんだが、今は半分くらいの人がベッドで寝ている。

若い人だけでなく、最近では寝起きが楽という理由で高齢者でもベッドで寝る人が増えている。

敷きふとんしか扱わないということは、需要の半分を最初から放棄しているのと同じだ。

私もベッドで寝ている。

ふとん屋がベッドで寝ているなら、ベッドを扱っても良いだろうと思っていた。

ただ、前述のとおり、配送の問題がある。

ふとんは比較的簡単に配達できるが、ベッドはかさばる。重さがあるため男手が必要だし、現地で組み立てる時間もかかる。

また、ベッドは基本的に買い替えであるため、古いベッドを引き取らなければならない。

そのようなことを考えて、関心はあったが、躊躇していた。

「ふとん屋がベッドを売る、か」

家のベッドに寝転がり、構想を練った。

ベッドを買う人は、結婚、新築、引越しなどで新たな生活を始める人が多い。この点は、新たなターゲットにしたい若い層とマッチする。

問題は、新生活をスタートするときに、彼らが家具屋に行ってしまうことだ。テーブルや椅子などを選び、ベッドもその店で選ぶ。

このような流れが出来上がっているなかで、ベッドだけふとん屋で買うように仕向けるのは至難の業だ。

その流れを変えるためには、ベッドを売ろうとしてはいけない。

マットレスを売る。

そこにチャンスがあると思った。

ベッドが家具として認識されている限り、ベッドが欲しい人は家具屋へ行く。

しかし、ベッドではなくマットレスを買うのだとすれば、家具屋ではなく寝具店に行こうと考える人は増える。

もちろん、マットレスだけ売ってもお客さんが不便になるため、ベッドフレームも売る。

ただし、あくまで主役はマットレスだ。

マットレスの機能と寝心地で興味を持ってもらう。

ベッド本体は家具の領域だが、マットレスはふとんの領域である。

家具は専門外だがふとんは専門家だ。

そこで棲み分けができる。

できる、ような気がする。

そう考えて、ベッドを売るふとん屋の構想をさらに練った。

小さな挑戦でも効果は大きい

ベッドとマットレスを扱うことについて、社長である父も賛成だった。

「目をつけている商品はあるのか？」父が聞く。

「これがいいんじゃないかな」そう言い、私はノンコイルマットレスのパンフレットを見せた。

マットレスにはいくつか種類があり、大別するとスプリングが入っているものと入っていないものがある。

入っていないほうがノンコイルマットレスだ。

バネの代わりにウレタンやラテックスをクッションにするノンコイルマットレスは、構造的に敷きふとんに近い。

「いいんじゃないか。新たに井戸を掘るなら、元の井戸に近いところを掘ったほうがいい」

それが父の答えだった。

ノンコイルマットレスが新しい井戸で、敷きふとんが元の井戸である。商品の性質が近ければ当たる可能性は高い。少なくとも大はずれする危険性は小さい。父はもともと慎重なほうで、無謀な事業展開はしない。石橋を十分に叩いてから渡るタイプで、叩いたのに引き返すこともある。ベッドを扱ってこなかったのも、そこにリスクがあると判断していたからだろう。その父がすんなりベッドの取り扱いを受け入れたのは、事業を活性化させる新たな何かが必要だという思いがあったためだと思う。

リスクはある。しかし、リターンを狙うならリスクを取らなければならない。

ノンコイルマットレスは、父が許容できるリスクの範囲内だった。

ちなみに、祖父は父よりもリスクを取りに行くタイプで、かつて新たな事業を模索していたときに「ケーキ屋をやろう」と言い出したことがあった。

「そういえば、おじいちゃんはケーキ屋をやろうとしたことがあったよね」

当時を思い出し、父に言う。

「ああ、あったなあ。『ケーキが好きだから』という理由だけで店を出すつもりなのだと聞いたときは、思わず笑ってしまったよ」父も当時のことを思い出し、懐かしむように笑った。

「すごいリスクの取り方だよね。古い井戸とまったく別のところで新しく井戸を掘ろうとしていたんだから」

「まあなあ。結局、あの案はお蔵入りになったが、あの頃はまだ業界の景気が良かったから、案外、うまくいったかもしれない。『ケーキ屋のたかはら』か。悪くないんじゃないか」父はそう言って笑った。

親子でもリスクとの向き合い方は違うものだ。

時代や状況によって最適なリスクの取り方も変わるのだろう。

今は少しリスク志向になって良いときなのだと思った。

業界全体がもともとリスク回避の傾向が強いため、ベッドを始めるくらいの小さめのリスクでもインパクトはある。

ローリスク・ハイリターンの大きな事業になる可能性に期待していた。

ベッドの取り扱いは経験がないため、足と目で感覚を養うしかない。

家具屋を回り、売れ筋のベッドを見る。

価格帯を調べ、新婚夫婦や新居に引っ越す若い人たちがどんなベッドを欲しがるか考える。

ノンコイルマットレスのメーカーにも問い合わせ、品質重視で取り扱う商品を選んだ。

幸い、店舗は3階建てで地域では大きいほうだった。

現状は1階と2階が店舗で、3階は倉庫として使っている。2階の売り場はブライダル用のセット寝具をたくさん陳列していたが、見る人は少なく、売り場としては機能していない。

「2階のブライダルのスペースをベッド売り場に変えていいかな」

私が聞くと、父は「かまわんよ」と答えた。

「商品も少し片付けたいんだけど」

「そうか。それなら、在庫一掃セールでもやるか」

「そうしよう。フロア全体がベッド売り場になれば、売り場としての価値も高くなるし、変わったというインパクトも大きくなると思う」

「よし、そうと決まったらセールの準備はこっちでやるから、智博はベッドの選定と手配をしてくれ」

そんなふうに話が進み、間もなく在庫一掃セールを行った。商品が減り、スペースが空くと、2階はベッドが20台ほど並ぶ新たなショースペースに変わった。

店の存在を周知する

若い層をターゲットとするうえで、もう一つの施策として考えたのがウェブサイトによる集客だ。

ウェブサイトは店の存在を知ってもらうための代表的で効果的な手段だ。

老舗の店は、老舗であるがゆえに「自分たちはそれなりに存在を周知されている」と考える。

しかし、それは往々にして勘違いであることが多い。

以前、当店にメーカーの担当者が来て、「この前、西尾の若いお客さんでベビーふとんを探していた方が、名古屋のお店まで買いに行かれた話を聞いたよ」と教えてくれたことがあった。

そのお客さんは、「ネットでお店を探したけど、西尾にはふとん屋がなかったから名古屋まで来ました」と言っていたようだ。

西尾で70年ふとん屋をやってきて、それなりに知名度もあると思っていたが、若い層にとっては〝西尾にふとん屋は存在しない〟ことになっていたのだ。

この事実に大変ショックを受けた。

「ネットで探せないお店は、存在しないのと同じことだ」と気づかされた。

たしかに業界内での存在感はあるかもしれない。

しかし、マーケットは広く、消費者の大半は業界外の人だ。

生活に密着している食品や、情報誌などで情報発信される洋服ならまだしも、寝具などはそもそも接点が少なく認知度が低い。

ふとんなら西川、ベッドならフランスベッドくらいは知られているが、それ以外のブランドやメーカーを知っている人は少ない。

知られていなければお客さんは見込めない。

まずはその壁をウェブサイトで少しでも低くする必要がある。

数ある店舗のなかで自分の店を選んでもらうとなると、さらにウェブサイトの重要性が増す。

高齢者は通い慣れた店に行くかもしれない。

しかし、ネットリテラシーが高い若い層は、どんなことであれ、まずは検索する。足で動く前に手を動かす。

ふとんが必要で、近所にふとん屋があることを知っていたとしても、いきなり店を訪れることはほとんどないだろう。

その店がどんな店なのか調べる。ほかに店がないかも調べる。

仮に近所にふとん屋のウェブサイトが見つからなければ、ウェブサイトがあり、店内の様子などが分かる店に行く。

ネットがこれだけ普及している世の中で、少し遠くてもウェブサイトがないということは、店の入り口を教えないのと同じなのだ。

そう考えて、さっそくウェブサイトを作った。

ターゲットはネットで情報収集する若い層だが、そのなかでも、良い品を求める人たちをコアなターゲットと位置付けた。

多少高くても、質の良いふとんが欲しい。

量販店で売っているふとんではなく、寝心地が良く、長く使えるふとんが欲しい。

結婚したり、家を買ったり、新生活のスタートに彩りを加えてくれるような、ちょっと贅沢なふとんが欲しい。

そんなふうに思っているお客さんを想像し、サイトは高級感がある色味で整えて、価格はなるべく控えめに見せることにした。

ベッドを扱っていることも告知した。

ただし、ベッドではなくマットレスに重点を置いた。

「寝心地の違いを感じてほしい」

「ベッド選びはマットレス選びが重要」

そんなメッセージを出した。

サイト内ではブログも書くことにした。

(さて、何を書こうか)

パソコンと向き合い、さっそく手が止まる。

書きたいことはたくさんある。伝えたいことや、知ってほしい情報もたくさんある。

しかし、こちらが伝えたいことを一方的に書くのではつまらない。

ウェブサイトを見る人が、知りたいと思っていることを想像し、寝具の専門家として発信できる情報に絞ることが重要だろう。

眠りの悩みについて。これは面白いかもしれない。

寝具選びのポイントも伝えられるし、きっと読む人の役に立つ。

若い層はホームセンターなどでふとんやベッドを買う人が多いが、そうはいっても、寝心地、手触り、デザインにこだわる人はいる。

質にこだわり、眠りにこだわる人。

そんな読み手をイメージして、記事を書いていこうと決めた。

実際のサイト作りは、地元の商店街の集まりで知り合った呉服屋のオーナーに教えてもらった。

着物とふとんは、歴史があり、頻繁に買うものではなく、価格帯が高く、街中の店はどことなく入りづらい雰囲気があり、業界内の変化が乏しいといった点で共通点が多い。

しかし、その呉服屋のウェブサイトには古臭さがなく、オシャレだった。

店主はネット系全般に強く、連絡したら気前よく作り方を教えてくれた。

翼の会のときも感じたことだが、自分だけの力でできることには限界がある。

教えてくれる人、手助けしてくれる人を探し、増やすことが大事だし、そのような人脈は経営において貴重な財産であると思う。

ウェブサイトの雰囲気に合わせて、既存の折込チラシとダイレクトメール（ＤＭ）のデザインも変えた。

当時のチラシとＤＭは、モノクロで文字量が多かった。

せせこましい印象を与えてしまうため、伝えたい情報を整理し、スッキリ、品があるデザインに作り替えた。

ベッドの売り上げで収入源を入れ替える

「ベッドをやろう」

そう決めた背景として、若いお客さんを増やすこととは別に、もう一つ大きな狙いがあった。

それは、催事で作っていた売り上げを、ベッドという新たな収入源に置き換えることだった。

高齢のお客さんを対象とする催事が先細りの施策であることは明らかだった。

主なターゲットを若い層に変えるという点から見ても、いずれ催事から手を引き、催事の売り上げを諦めるときが来る。

店の収益は大きく減るだろう。帳簿を見る限り、催事がゼロになれば年間で１０００万円くらいの売り上げ減になる。

その穴埋めをするために、ベッドとマットレスの売り上げを育てたい。

催事の売り上げが右肩下がりで減っていく一方で、ベッドの売り上げを右肩上がりで伸ばしていく。

そのような入れ替えをイメージしつつ、店の収益構造を変えていこうと思った。催事に代わる収入源を作り出す手段として、最終的にはベッドを選んだが、ほかにも試行錯誤はあった。

例えば、ベビーふとんだ。

ターゲットを若い層に変えようと考えたとき、実は最初に思いついたのがベビーふとんだった。

ベビー関連は若いお客さんと接点が作れる。

人口減少や少子化は逆風だったが、売り上げ面の課題であった季節変動の平準化にもつながる。

そう考えてベビー用品を見て回ったところ、ポリエステルなど化学繊維を使ったふとんが多いことが分かった。

当時はまだ子どもはいなかったが、子ども関連の雑誌などを読み漁り、新生児の親がどんなことを考え、どんなベビー用品を求めているのか勉強した。

「天然素材のふとんがあったらさ、若い夫婦に売れるんじゃないかな」

「赤ちゃんは肌が敏感だから、私だったら使ってみたいな」

妻とそんな会話を重ねながら、商機を探った。

自分が親だったら、化学繊維より綿を選ぶだろう。

自分が使うものはともかく、新生児には良質なものを使わせたいと思う。多少高くても、おそらく買う。

父が手掛けたOEMのルートを使えば綿のベビーふとんは作れる。粗利もそれなりに取れそうだった。

「いける」と思った。

しかし、実際は売れなかった。

理由は二つある。

一つは、若い層とのつながりがほとんどなかったことだ。

当時のお客さんは付き合いが長い地域の高齢者が中心だった。

ベビーふとんを見て「かわいいわね」と褒めてくれる人はたくさんいたが、身近に新生児がいないため、買う理由がない。

接点という点では婚礼用ふとんが新婚夫婦とつながる手段だったが、その需要も前述のとおりかつての1、2割まで減っていた。

ベビーふとんが売れなかったもう一つの理由は販促がうまくいかなかったことだ。

商品の質は良いのだが、その長所をどうやってアピールすれば良いか分からない。

来店してもらい、商品に触れてもらえばきっと良さを実感してもらえる。綿のふとんの良さを口頭で伝えることもできる。

しかし、来店してもらうための施策がない。商品を紹介できる場も作っていない。

商品が良く、需要が見込めても、需要にアプローチできなければ売れない。

商品を試行錯誤するより、買い手となるお客さんとのつながりを作ることが先なのだとこのときに学んだ。

おまけ感覚で始めたオーダー枕

一方で、「いける」とは思っていなかったが、結果として大きな成果を生んだものもあった。

その後の店の大きな柱となるオーダーメイド枕である。

ベッドの取り扱いを始めようと決めて、２階のレイアウトを変更しているときのことだった。

在庫を片付け、スペースを空けていく。

おおよそ片付いたとき、部屋の片隅に測定器らしきものが置いてあるのを見つけた。

「これ、何？」父に聞く。

「ああ、フィットラボだ。体型測定するための装置で、データを測ってオーダーの枕を作るんだよ」

「へえ、使ってるの？」

「月に3回くらいかなあ。寝心地が悪いとか、肩や首が痛いとか、高齢のお客さんはそういう悩みがあってな、ふとんの買い替えとかのついでにオーダーの枕を作る人がいるんだ」

「オーダーの枕ねえ」

父の答えを聞いたときは、まだまったくピンとこなかった。

そもそも枕はふとんのおまけのような存在として扱われてきた。

ふとんを一式買うと、同じ柄の枕がついてくる。

枕だけ買うお客さんも少なかったし、値段が安く、利益率も良くない。ふとん屋の視点から見て、決して魅力的な商品ではなかった。

ただ、オーダーという発想は面白そうだと思った。

羽毛ふとんをオーダーで作るOEM事業もそれなりに需要があったし、オーダーなので価格が上がり、利益率も良くなる。

父によれば、オーダー枕は計測から始めて1時間くらいあれば作れるという。

マットレスを売っていく際に枕をセットで売ることができるかもしれない。目新しさが受けるかもしれないし、売り上げ増加につながるなら、もう少し推してみてもいいんじゃないか。

そんなふうに考えて、オーダーメイド枕がなんとなく商品群に加わった。

変化と変革の境目

変革に向けた一応の体制が整ったのは家業に入って1年が経った頃だった。

1階では従来どおりふとんを売る。オーダー枕が興味を引きそうだと思ったので、計測器などを入り口の横の目立つところに置いた。

2階ではベッドとマットレスを売る。ベッドは在庫を持たずに売るので、複数のタイプのマットレスを並べ、寝心地や手触りの違いを試せるようにした。

既存のお客さんとは引き続きＤＭなどでつながりを維持しながら、ウェブでは若い層をメインにして新しいお客さんを増やす。

2階がベッド売り場に変わったこともあり、「化石のようだ」と感じた初日と比べると、この1年ほどで店の雰囲気は大きく変わった。

ウェブ経由で店が認知され、店内に若いお客さんと若い人向けの商品が増えていけば、昭和の香りが染み付いていた雰囲気はさらに変わっていくだろう。

時代に取り残され、変化と進化が止まっていた時間を取り戻すという点では、とりあえずやれることをやったという満足感はあった。

ただ、何かが違うとも感じていた。

商品ラインナップや店作りといった表面的なことではなく、根本的な何かだ。

店の見た目は変わったが、ふとん屋はやっぱりふとん屋だ。

果たしてこれで変わったと言って良いのだろうか。

それなりに変わった実感はあったが、もしかしたらそれは時代に追いつき、ようやくスタート地点に立っただけかもしれない。

(変化の本質はこの先にあるのではないだろうか)

本質とは何だろう。

事業モデルか、経営戦略か、それとも両方か。

変化を起こせた満足感と、もしかしたら何も変わっていないかもしれないという恐怖感が入り混じり、鼓動が早くなるのを感じた。

第3章

売るものは変えない、売り方を変える

ふとん屋にとっての当たり前は何か

「凡事徹底」


父が社長になった際に、練り上げて掲げた店の経営指針だ。

その意味は「当たり前」「たいしたことない」と思われていることを徹底的にやるということだ。

たいていの人は、当たり前のことにはあまり注目しない。

「できて当たり前」と思っているし、「できている」と思い込んでいるから、軽く見る。

しかし、実際にはできていないこともある。

その部分を徹底して完璧にすることが、周りとの差別化になり、自分の強みになる。

慎重で誠実な父らしい言葉だと思う。

老舗が老舗として生き残っていくカギもこの言葉に凝縮されている気がしたし、高原ふとん店として創業した店が昭和初期から今まで続いてきたのも、ふとん屋としての凡事を徹底してきたからだろうと思った。

店を変える。

時代に取り残されている店を、時代の先をゆく店に変革する。

それが私の目的だ。

そのためには、既存の店舗経営を抜本的に変えるようなダイナミックな施策が必要だ。

ただ、変える要素を探し、どう変えたら良いのだろうかと試行錯誤しているうちに、変えなくても良いところも見えてきた。

例えば、お客さんの信用第一で商売に取り組む姿勢は変えなくて良いし、変えてはいけない。

「信用は大事だ。築くのは大変だが、なくすのは一瞬だ」

祖父はいつもそう言っていた。

お客さんは「たかはら」を信用してくれている。量販店や通販ではなく、わざわざ「たかはら」で買ってくれるのは、そこに信用があるからだ。

我々はその信用に応えるために、良い商品を厳選し、用意し、提案しなければならない。

売れ筋を分析し、良い商品を見つけ出す。

その商品にどんな特徴があるか理解し、その特徴がお客さんにとってどんなメリットをもたらすか理解する。

当たり前のことだ。

だから、凡事徹底である。

しかし、そのような取り組みはすでにやっている。

変革という視点から見ると、その先には新たな発展はないような気がしていた。

「翼の会」では製造現場を見て回り、商品の良さを理解した。

マットレスの取り扱いを始めるときも、一つひとつ質を確認し、納得したものだけを厳選した。

それはそれで大事なことなのだが、やはり何かが違う。

店内を見渡し、商品を眺める。

取り扱う商品群を見直して、ベッドやマットレスなど新たな商品を加えた。

店内に並べている商品は、どれも自信を持って提案できる商品ばかりである。

店を変えるための一歩目を踏み出した実感はあった。

しかし、次の一歩をどの方向に踏み出せば良いのかが分からない。

家業に入って1年が経ち、私は行き詰まっていた。

ふとん屋にとっての凡事とは何なのか。そんなことを考えるようになっていた。

ミスマッチ解消がふとん屋の役割

「こんにちは」店の自動ドアが開き、お客さんが入ってくる。

「いらっしゃいませ」私はそう言い、迎え入れた。付き合いが長い常連のお客さんだった。

「どう？　ふとん屋商売は慣れた？」

「ええ、どうにか頑張っています」

「まあ、カエルの子はカエルとか、門前の小僧習わぬ経を読むとかいうからなあ。ちっちゃい頃からふとん屋を見てきた四代目なら、すぐに慣れるか」

「はい、今後ともよろしくお願いします」

「ところで、親父さん、いる？」

「すみません、会合に出ていまして、あと1時間ほどで戻ると思いますが」

「そうかあ……」

「何か用事ですか？」

「また肩こりがひどくなってきたんで相談に乗ってもらおうと思ったんだ」

「そうでしたか」

父に相談しにくる常連さんは少なくない。

ふとんの洗い方の相談、ふとんからベッドに替えようか迷っている、寝心地が悪い、睡眠が浅くなったなど、相談内容はさまざまだ。

それもお客さんからの信用の表れなのだろう。

「ま、いないんじゃあしょうがねえな。また来るよ」

そう言うと、お客さんはつらそうに肩をさすりながら帰って行く。

私は店の外に出てお客さんを見送った。


「肩こりがひどくなった」と言っていた。

そのことを父に相談しに来たということは、寝る姿勢が悪いか、寝る姿勢が悪くなってしまう寝具を使っていることが原因なのだろう。

この問題は実は根深い。

というのも、肩こりなどの問題を一様に解決できる万能の寝具はないからだ。

骨格、筋肉のつき方、寝相、睡眠時間などは人それぞれ違う。

そのため、ある人にとっては肩こりが消える寝具でも、別の人にとっては肩こりする寝具になるのだ。

このようなミスマッチを解消できるのは誰なのか。

私は一つの仮説を立ててみた。

寝具のミスマッチを解消できるのはふとん屋しかいない、という仮説である。

肩こりは、マッサージ店でほぐしてもらうことができる。

痛みがひどければ、病院に行って痛み止めをもらうこともできるだろう。

そこでいったん肩こり問題は片付くが、根本的な解決にはなっていない。

自分に合わないふとんで寝ている限り、また肩はこるはずだからである。

マッサージ師や医者は「枕を替えてみたらどうか」「ふとんを替えてみたらどうか」と提案するかもしれないが、本人に合う枕やふとんを選ぶことはできない。

ふとん屋はそれができる。

そこにこそふとん屋の出番がある。

肩こりに限らず、首の痛み、腰痛、不眠、疲れが取れないといったさまざまな悩みを解決する手伝いができる。

仮説の延長線上に変革のヒントが見えた気がしたが、まだぼんやりしている。

考えがまとまりつつあるが、いまいちまとまりきらない。

頭のなかを整理しながら、店内に戻ろうと振り返る。

店の入り口の上には、大きく「たかはら」と書いてある。その下には「睡眠ハウス」と書いてある。「睡眠ハウスたかはら」と名付けたのは、2号店としてこの店を作ったときだった。

父がどういう意図で名付けたのかは分からなかったが、そこに答えがあった。

自分は「ふとん屋に入った」のだと思っていたが、そうではなかった。

ここは睡眠の店だ。

質が良いふとんではなく、質が良い睡眠を売っている店である。

何百回と見上げてきた店名が、次の一歩をどの方向に踏み出せば良いか示していた。

ふとんは目的ではなく手段だ

マーケティングの有名な格言に「ドリルが売れたのは、人々がドリルを欲したのではなく、穴を欲したからである」というものがある。

寝具も同じだ。

寝具にはその時々の売れ筋があるが、ヒット商品がヒットしたのは結果論であり、お客さんの真のニーズは悩みごとを解決することなのだ。

変革の方向性が明確になっていくのを感じた。

私は今まで良い商品をそろえることによってお客さんの信用に応えようとしていた。商品の選択で悩んだのも、新たにベッドとマットレスを取り扱うことにしたのも「何を売ればお客さんが満足してくれるだろうか」という問いかけを出発点としていたからだ。

しかし、お客さんは実はふとんではなく、快適な睡眠を求めている。

質の良い寝具はそのための手段であって、商品を買うことが目的ではない。

仮にお客さんが快適な睡眠を求めているのなら、事業作りの出発点も商品選びではないはずだ。

まずはお客さんの悩みや要望を把握する。

そのうえで、課題解決につながる正しい寝具を提案する。

そのためには、商品重視で売るモデルから接客重視のモデルに変えなければならない。

そう気づいたとき、変革に必要な重要なピースが見つかった気がした。

何を売るかはお客さんが決める

ふとん屋に限らずだが、もの作りやもの売りを生業としていると、どうしても売り手目線になりやすい。

自分たちが良いと思う商品を作り、その良さをお客さんに伝えるプロダクトアウトの考え方である。

ソニーのウォークマンやアップルのiPhoneなどが分かりやすい例かもしれない。

作り手や売り手が「すごい」と思う感覚が、市場でも「すごい」と共感されることにより、ヒット商品が生まれる。

ふとん業界でも、例えば羽毛ふとんなどはこの方法で広まってきた。

「あったかい」「軽い」といった長所を打ち出すことで綿のふとんの時代になかった新しい価値を評価された。

このアプローチは、基本的には市場が成長しているときのほうがやりやすい。

成長市場は技術力が高まっている。市場の注目度も高い。

「こんなものがあるんだ」「こんなことができるんだ」という驚きとともに、市場に好意的に受け入れられやすいのだ。

一方、成熟している市場では新しい商品が受け入れられにくくなる。すでに市場にあらゆる商品が出尽くしているため、新しい商品を出しても目新しさに欠ける。

もの作りの技術も高度化しているため、さらなる発展が見込みづらく、市場が画期的と評価する商品も生まれにくくなる。

ふとんがまさにそれである。

ふとん作りの技術が上がり、質の良いふとんが増えた。

結果、どの店でも良いふとんが買えるようになり、商品の目新しさで売れないため、価格競争になっていく。

そのような状況では、買い手目線で商品を作るほうがうまくいきやすい。

市場のお客さんが欲しがっているものを探り、その需要に応える。

あるいは、お客さんが課題に感じていることを把握し、課題解決になる商品を作る。

これからのふとん屋は、買い手目線のマーケットインに変わらなければならない。

ふとん屋が何を売るか決める時代は終わっているのだと思った。

これからはお客さんの声に耳を傾け、お客さんが求める商品を提供する。

その商品は、ふとんやベッドや枕かもしれないし、寝姿勢のアドバイスやマットレスの手入れ方法といった無形の商品かもしれない。

いずれにしても、そこに変革の本質があるのだと思った。

悩みごとを解決できる店を目指す

肩こりのお客さんが来て以来、私はお客さんが「欲しがっている商品」ではなく、「悩んでいること」に重点を置いて話を聞くようにした。

注意して聞くと、悩みを抱えている人は多い。

高齢者は腰が痛いという人や、なかなか寝付けないという人が多い。

ウェブサイト経由で増えつつあった若い層のお客さんは、首の痛みや肩こりに悩んでいる人が多く、疲れが取れない、目覚めが悪いといった声も多かった。

「若い人でも肩こりの人は多いもんなんだなあ」

私がそう言うと、妻もうなずいた。

私が退職した1年後、妻も銀行を辞め、店の従業員として合流していた。

主な担当は経理だったが、お客さんが多いときなどは接客もサポートしていたため、身体の不調を訴えるお客さんが多いことは妻も実感していた。

「そうね。1日中パソコンと向き合っている人は肩こりしやすいのよ。さっきのお客さんは肩だけでなく腰も痛いって言ってたわ」

その当時、お客さんとして来店された整体の先生からもある相談を受けた。先生によると、肩こりなどの症状に対して、整体の施術では治療に限界があり、むしろ日頃の寝姿勢の改善のほうが大切であるということだった。

実際、肩こりなどは体質も影響するのだろうが、私自身は肩や腰が痛くなったことがほとんどない。

父も同じで、敷きふとんやマットレスを検討しているお客さんには「正しい寝具で寝ているから私も妻も肩こりしないんですよ」と言っている。

肩こりなどの悩みで父に相談に来る人が多かったのも、そのような話をしていた影響もあった。

寝具のおかげなのか体質なのか、本当のところは分からない。

ただ、実際、父も母も私も身体の不調はなかったし、それは寝具のおかげである可能性はそれなりにあるだろうと思った。

「日中の疲れとか身体の不調が寝ている間に解消できたらいいよな」

「本来、睡眠ってそういうものよね」妻はそう言って笑った。

そのとおりだった。

しっかり働いてきちんと休む。そのサイクルがうまく回っているのが本来の姿だ。ところが、現実には日中の疲れが解消できていない。そればかりか、寝る姿勢が悪いために余計な痛みを抱え込んでいる人もいる。

先に挙げた整体の先生から、患者さんに合う枕の提案はできないかと相談を受け、店の定休日に妻と二人、計測器を携え先生のもとを訪問し、オーダーメイド枕を作った。体力的にはきつかったが、整体に通っている患者さんは悩みを持っている方ばかりなので、とても勉強になった。また、枕だけに限らず敷き寝具の相談も受けるようになり、お店に来ていただけるようにもなった。月に一度の訪問を1年続けた頃、ちょうど患者さんが一巡した。

整体の先生の患者さんたちから敷き寝具の相談を受けたように、枕だけでなく、自分の体型に合うマットレスがあれば、肩こりなどの不調はさらに良くなるはずだ。

「ターゲットをもう少しだけ絞ってみようと思うんだ」

「どうするの？」妻が聞く。

「今は質の良いふとんやベッドを買う若い層を狙っているんだけど、やっぱり漠然としている気がする。うちの店には良い商品が並んでいるけれど、それだけではショッピングセンターや通販で買っている層を呼び込むのは難しいと思うんだ。彼らがうちに来る明確な目的を作りたい。そこで、肩こり、腰痛、首の痛みなどがある人や、質の良い眠りを求める人をターゲットにしてみたいんだ」

「いいと思う。そういう寝具店があったら一度のぞいてみたいと思うもの」

妻が賛同し、私は一気に自信が湧いた。

私は生まれついてのふとん屋だが、妻は良くも悪くもふとん業界に染まっていない。一般の人でできている市場と向き合うには、妻のようなまっさらな感覚が必要であり、貴重だった。

きっかけは手元にあった

質の良い眠りを提供する。

そのために接客を重視し、お客さんの不調や要望をしっかりと聞く。

フィットラボは、その方向へ進んでいくために最適なツールだった。

現状は「オーダー枕」という単語がお客さんの興味を引くかもしれないと考え、フィットラボの計測器を店の入り口近くの目立つところに置いていた。

実際、興味を持つ人は多かった。

ただ、店として強く勧めていたわけではないので、計測する人は少なかった。

「枕が2万か。高いなあ」

そんなふうに呟き、もの珍しそうに見る人もいた。

フィットラボを扱っている寝具店は、当時全国に90店ほどあったと思う。

販売したオーダーメイド枕などの数は店舗ごとに集計し、順位が出る。

当店は全国で50位前後だった。

本腰を入れていなかった理由は、ふとんに比べて単価が安いこと、その割には計測などにそれなりの時間がかかること、計測のためのパソコン操作に父も母も不慣れだったことなどだ。

「ひょっとしたら突破口になるのか？」

そう呟き、父を呼ぶ。その日は定休日だったが、店内の片付けや掃除のため、妻も両親も店に出てきていた。

パソコンの電源を入れ、計測器の動かし方を教わる。

妻に手伝ってもらいデータを取ると、きちんと数値が測定できた。データをもとに枕を作ると、枕そのものは10分くらいでできた。

「その枕、2万円で買うか？」出来上がったばかりの枕を妻に手渡し、聞いてみる。

「ちょっと高いかなあ。でも……」

「でも？」

「これで首とか肩の痛みが解消できるなら買う人はいるかもしれないわね」

難しい選択だった。

ふとん屋が枕を軸にすることに多少の抵抗感はあった。

枕は日陰の商品であり、主役になる器ではないという認識があったからだ。

ただ、ベッドとマットレスもどちらかといえば日陰の商品であり、今はそこに力を入れている。成果も出ている。

さらに大きく変わるのなら、さらに大きな挑戦をしなければならないだろう。

可能性は期待できる。

日々の接客のなかで、肩こりなどに悩んでいる人がそれなりにいることは分かっている。睡眠の質が良くなる、身体の痛みが解消できるといった価値が市場のニーズとマッチすれば、オーダーメイド枕が店の新たな軸になるかもしれない。

「失敗するかもなあ」

「そうね」

「でも、成功する可能性もあるよなあ」

「そうね」どっちつかずの状態で悩んでいる私を見て、妻が笑った。

どちらに転ぶかはやってみなければ分からない。

そこが学問としての経営と実際の経営の大きな違いだ。理屈だけで考えていても永遠に答えは見えない。

それなら、やってみるしかない。壁にぶつかったら、そのときに考えれば良い。

そう考えて、店の事業モデルから作り直すことにした。

質の良い眠りを商品に据える

事業モデルを変えるということは、日々の業務や仕事の目標などを全面的に変えるということだ。

変えないのは「凡事徹底」という経営方針だけだ。

あとはすべて見直し、作り直す。

事務所の椅子に座り、紙とペンを机に置く。

「よし、やるか」自分を奮い立たせるようにそう呟いた。

事業モデルの変革は、マーケティングの４Ｐ戦略を踏まえながら考えることにした。

まずはＰｒｏｄｕｃｔの整理から取りかかった。

従来は羽毛ふとんを売ってきた。

もちろん、これからも羽毛ふとんは売る。

ただし、在庫は減らす。

帳簿を分析したところ、これまでは在庫が多く、結局売れ残ってセール品にするケースが多かった。

その悪循環を断つために、余剰在庫は持たない。

在庫スペースに限りがあるため、粗利率が低いタオルケット、毛布、こたつふとんなど軽寝具の取り扱いも減らそうと決めた。

同時に、在庫なしで扱うベッドの比率を高める。

ベッドは、羽毛ふとんの売り上げが季節によって大きく変わる問題を軽減する効果もある。

ふとんにベッドを加えることで、ふとん屋から脱却し、寝具店になる。

ここまでは変更済みだ。

すでに1階がふとん、2階がベッドという店舗レイアウトになった。

次に、オーダーメイド枕を本腰を入れて売る。「たかはら」と言えばオーダーメイド枕と認知されるくらいまで前面に出し、新しいお客さんや若い層の集客を狙う。

収益性はあまり期待できなかった。

ベッドとマットレスは1台20万円ほどであるのに対し、オーダーメイド枕は2万円前後である。

単純計算すると、オーダーメイド枕を軸とするのであれば、ベッドとマットレスの10倍くらいの数を売らないといけない。

ただ、安価であることはメリットにもなる。

ベッドやマットレスは高価だが、オーダーメイド枕は若い層でも比較的手が出しやすい。そこで接点を作ることができれば、将来的にはベッドやマットレスを買ってもらえるのではないか。

フィットラボで計測するデータはオーダーメイドマットレスを作るためのデータにもなるため、枕でオーダーメイドの良さを実感してもらい、オーダーメイドマットレスへの関心と需要を作り出す。

肩こりで悩む独身の人がオーダーメイド枕を買い、数年後、結婚したときに夫婦のベッドとマットレスを買いに来る。そんな流れを作ろうと思った。

オーダーメイド枕を軸としていくためには悩みを聞くためのプロセスが重要だ。枕そのものは5分から10分で作れるが、そのための準備として丁寧なカウンセリングと計測作業が必要になる。

ここがProductという点で重要なポイントになるだろうと思った。

商品としては枕を売るのだが、自分たちが提供しているのはモノではない。

身体の不調解消と睡眠の質を高めることだ。

ちょうどこの頃、「モノ消費からコト消費」という言葉をよく耳にするようになった。これからやろうとしていることは、まさにコト消費に当てはまる。枕というモノではなく、質の良い眠りというコトを提供する。

ふとんやマットレスも同様に、従来は暖をとるためのモノであり眠るためのモノだったが、身体の調子を整え、健康になるための道具としてとらえ直した。

モノからコトへの変化は、簡単に言えばモノ売り商売からの脱却でもある。そのため、モノ売りで成立している催事はやめる。

売り上げが減ることは目に見えていたが、変革を目指すなら賭けるしかない。「オーダーメイドの枕で肩こりが治った」「オーダーメイドのマットレスでよく眠れるようになった」、そのようなコト消費で催事の減少分を補っていこうと考えた。

価格は追わない

Pr:iceはどうするか。

分かっていることは、低価格路線で勝負しても、量販店、通販、ネットショップには勝てないということだ。

ならば、必然的に中価格帯から高価格帯になる。

価格競争は避け、値引きで売るやり方もやめる。

値引きで売る方法は父も反対だったため、この部分の変革はすでに着手していた。

かつては定価15万円の羽毛ふとんがセールによって半値で叩き売られるようなことが多かった。店でも在庫セールのときにそのような売り方をしていた。

この方法は、在庫が処分でき、目先の売り上げが得られるのは良いのだが、価格が半額になることによって商品の本当の価値が分からなくなってしまう。

15万円で買った人は「本当は8万円の価値しかない商品だったのではないか」と不信感を持つだろうし、セールで買った人は、次もセールになるまで買わなくなる。

そこに父は危機感を持っていた。

自分の仕事と店の商品に自信と誇りを持っている父は、価格で売ることが基本的に嫌いだった。

以前、値引きを求めるお客さんを父が接客している様子を見たことがある。

私が家業に入り、父の後ろについて売り方や接客などを学んでいたときのことだ。

たしか、お客さんは5万円ほどのふとんを検討していて、もう少し安くしてほしいと言っていた。

当時の私なら、おそらく少し値引きして売っていたと思う。少なくとも、値引きして良いか父に確認を取ったはずだ。しかし、父は応じなかった。値引きに応じる気配すら感じさせなかった。

結局、そのお客さんは買わずに帰ってしまい、売り上げにはならなかった。

お客さんが帰ったあとで、父に「多少なら値引きして売ったほうが良かったんじゃないの」と聞くと、父は「いや、いいんだ」と即答した。

「価格で買う人は常連さんにはならない」

「そうなの?」

「価格の人は価格しか見ないことが多いからな。安くなって喜ぶことはあるけども、それによって良い商品を買って得られる感動が薄れてしまう」

「そうかもしれないね」

「それに、値引いて買えたら、その話を周りに広めるだろう。『たかはら』は値引きしてくれる。そういう評判が立つし、ほかのお客さんも値引きを期待するようになる。価格の人がどんどん増えて、価格で戦うことになる。手ぶらで帰られるのはつらいが、うちのような店の場合は、先々のことを考えると値引きはほとんどいいことがないんだ」

父はそう言い、お客さんが見て回ったふとんを丁寧に並べ直した。

値引きを避けられたのは、現状ではまだ資金面で多少の余裕があったこと、小規模の店で人件費負担が小さかったこと、家賃など固定費がほとんどなかったことなども背景にあったと思う。

しかし、最終的には売り方やお客さんとの接し方に関するポリシーなのだと思った。つまり経営方針である。

以来、私も価格に敏感になった。

お客さんのなかには「もう少し安ければなあ」「予算オーバーだなあ」と悩み、帰ってしまう人もいた。

しかし、買ってくれた人は「高いけど良いものを買った」という満足感を得ているように見えたし、その様子を見て、私もうれしくなった。

しかも、その人たちはリピート率が高かった。

価格で買う人はセールのときにしか来ないが、質で選んで買う人は時期を問わず、欲しいものや必要なものがあったときにリピートしてくれる。知人、友人を紹介してくれる人も多い。

そもそも良い商品を扱っていなければ感動は生み出せないが、中価格帯から高価格帯の質の良い商品を中心とするなら、なおさら安売りは避けなければならないと思った。

価格帯に合わせてターゲットを見直す

価格帯を高めに設定すると、経済的な面で見たお客さんのターゲット層も上がる。若い層であれば、収入が高めの人や、新婚夫婦や新居に引っ越す人など、お金をかけられるタイミングにいる人を狙う。

彼らの満足度と納得度を高めるために、商品の質も良いものに絞る。店内の雰囲気も、安売り店に多い雑多な感じから落ち着いた感じに変える必要がある。

ただ、闇雲に高い商品を置くというわけではない。

先日、雑誌で読んだ記事のなかにハウスウェディングと呼ばれる結婚式を売りにしている結婚式場の話があった。

一日一組限定にして夫婦の嗜好に合わせたウェディングプランを作る。費用は相場よりも高くなるが、式の中身をオーダーメイド感覚で作ることができ、利用者の満足度も高いのだという。

方向性としては、私が思い描く店はこのやり方に近い。

枕やマットレスの商品力のみに頼るのではなく、カウンセリングを通じた悩みの聞き取り力を高める。

悩みを聞き、要望を聞き、解決策となる寝具を提供するというプロセスの部分で満足度を高める。

もちろん、価格帯を上げることはリスクを伴う。

そもそも寝具は頻繁に買うものではない。

売れたとしても、ベッドは月10台、枕はこれからだったが、月20個から30個が限界だろうと思っていた。

しかも、売り上げの一部を作っている催事はこれから縮小し、やめる予定だ。

その状況で商品点数を絞り込めば、安い商品を探している層が離れ、安価な商品を置かないことが機会損失になり、売り上げがさらに減る可能性があった。

しかし、接客で売れる自信はあった。

それはおそらく父の接客を見てきたからだろう。

常連さんが多いのも、寝具のことで父に相談にくる人が多いのも、接客を通じてつながりを作ってきたからだ。

父の接客姿勢を踏まえれば価格帯に見合った事業モデルは実現できる。

ただ、対応するスタッフによってばらつきがあってはいけない。

見よう見まねのＯＪＴでは危うい。

常連さんはともかく、ウェブサイト経由で来店するお客さんは初対面だ。

信頼関係をゼロから築かなければならず、スタッフとの距離感がある状態では身体の不調や悩みなどもなかなか教えてくれないだろう。

初めて来店したお客さんに何を聞くか。

枕の測定をどう勧め、どのタイミングで商品を提案するか。

どうやって悩みや要望を聞き出すか。どういう悩みに、どう答えるか。

カウンセリングの流れややりとりを細かくマニュアル化する必要がある。

初対面の相手と距離を縮めるという点では、誰とでもすぐに打ち解けられる母のアドバイスももらったほうが良いかもしれない。

私は理屈派でデータなどから物事を見ることを好むが、母は逆で感覚で動く。

その接客術も言語化し、マニュアル化したいと思った。

お客さん目線でレイアウトを変更

Ｐｌａｃｅについては、一つ明確なイメージがあった。

それは「自信を持って自分の友達を呼べる店」だ。

見た目はもちろんだが、並べている商品群やサービスまですべて含めて、「智博の店はいい店だよな」と評価される店にしたい。

見た目という点では、1階を枕とふとん、2階をベッドに分けたことで、ある程度の下地はできている。

あとはお客さんの動線にもう少し工夫がいる。

事務所を出て、店内を歩く。

お客さんになったつもりで入り口からの動線を確認しながら歩いた。

入り口のドアを通り、店内に入ったところで「いらっしゃいませ」と挨拶を受け、来店の目的などを伝える。

「首が痛い」「寝つきがよくない」といったことなら枕の測定を勧めてみる。

おそらくオーダーメイド枕に興味を持って来店する人も多いはずだ。それなら、測定器は1階の目立つところで良い。

そんなふうにしてお客さんの目線で店内を見渡しながら、商品やディスプレイの場所などを確認する。

気になる商品はすぐに動かした。不要なものは3階の倉庫に持ち込んだ。

動かしつつ、試行錯誤しつつ、商品を絞り、ベストポジションを探す。

インテリアはどうか。高価格帯の商品を扱っている店としては、やはり陳腐な感じがした。

安っぽく見えるディスプレイはすぐに外し、3階へ持っていく。

2階に並べたベッドのレイアウトも雑多な感じがした。向きを変え、いくつかのベッドは場所を入れ替えたほうが良さそうだと感じた。

そんなことをしながら店の中を動き回っていたら、その音を聞きつけて父がやってきた。

「模様替えか」父が聞く。

「そうなんだよ。もうちょっとこう、高級感というか落ち着いた雰囲気がある店内にしたくてさ」

「よし、手伝おう」

父がそう言うと、やがて母と妻も加わって、かなり大掛かりなレイアウト変更に発展してしまった。

接客重視の経営に欠けていたもの

2階では、ベッドとベッドの間隔を広げたり狭めたりしながら位置を決めていく。マットレスは20種類ほどあり、今後は測定器と連動させて硬さ別にいろいろ試せるようにしようと考えた。

1階は正面側が大きな窓ガラスだ。

そこをショーウィンドウに見立てて、ベッドも目立つ位置に置いた。通りかかる人に「あの店、確かベッドを売っていたな。今度行ってみようかな」と思わせる店構えを意識した。

そのときに気づいたのは、窓が汚れているということだった。

「神は細部に宿る」

一つ上の雰囲気を目指すなら、細かなところまで目を行き届かせることが重要だ。

小学校の頃の先生が「きれいに書けなくても、丁寧に書くことはできる」と言っていたことを思い出した。

（「凡事徹底」と似ているかもしれないな）

そんなことを考えながら、窓についた指紋やホコリを拭き取る。

おおかた片付き、レイアウトがまとまった。ふと時計を見ると午後9時を回っていた。

3時くらいから事務所で考え始め、5時くらいに売り場に出てきたから、かれこれ4時間ほど作業していたことになる。

だいぶきれいになった。イメージにも近づいた。

しかし、何かが足りない気がしていた。

「何だろう」

考えながら店内を歩き回り、少し休もうと思ったとき、その何かに気がついた。

「テーブルだ」

思わず、声をあげた。

「どうした？」父が聞く。

「来店したお客さんに眠りの課題や悩みを聞く、そのためのテーブルと椅子がないんだよ」

「ああ、なるほどな」

従来は商品ありきの店舗運営だったため打ち合わせテーブルのようなものは不要だった。

むしろ店舗スペースを有効に使うためには、不要なものをなくし、商品を目一杯並べるのが正解だった。

しかし、悩みを聞くカウンセリングを重視するのであれば落ち着いて話が聞ける場所が必要だ。

そう考えて、再び四人で相談する。

どこで話を聞くのが良いか。テーブルはどれくらいの大きさが良いか。

そんなことを話し合いながら、さらに夜は更けていった。

商圏を広げるための次の構想

翌日は、まだ夜が明けきらないうちに店に出て、新たな事業モデルの続きを考えた。

どこまで考えたっけか。Ｐｌａｃｅの途中までだ。

売り場が整い、カウンセリングするためのテーブルと椅子も注文した。

マーケティングにおけるＰｌａｃｅは、売り場だけではなく販路や流通も含む。

その点で、私には二つ構想があった。

一つはネットショップだ。

ウェブサイトを作ったときから商圏を広げる手段としてネットショップを始める必要性を感じていた。

ウェブサイトを作ったのは店の存在を周知するためだ。今後はオーダーメイド枕に興味を持ってもらうための入り口にもなるだろう。

ただ、ウェブを見る人のほとんどは、そのときに初めて店のことを知る。

その時点では見ず知らずの店であるため、サイトに商品が並んでいても購入には至らないだろう。実際、現状ではほとんど収益に結びついていない。

そう考えると、通販は初見の人向けではなく、店で商品を買った人に向けたフォローと位置付けたほうが良い。

例えば、ベッドを買った人にはベッドパッドが必要だ。ふとんを買った人がカバーを取り替えたいと思うこともある。

そのようなニーズを満たすことで、お客さんとのつながりを維持し、深めることができると思った。

販路に関する二つ目の構想は、2号店の出店だ。

オーダーメイド枕を集客の入り口とするのであれば、来店型の店舗運営が基本になる。

そこで問題になるのが商圏だ。

アクセス面を考えると、車で1時間以内が限界だろう。

お客さんが遠くなるほどアフターフォローの質が落ちる可能性もある。

ただ、将来的には名古屋市近郊、愛知県内、近隣の県くらいまでは商圏を広げたいという思いもある。

スタッフをどうするかという課題はあるが、オーダーメイド枕とマットレスを軸とする事業モデルが機能するなら、横展開できると思った。

今の店はふとんや季節商品なども扱っているためそれなりに広いスペースが必要だが、オーダーメイド枕とマットレスに絞るなら小さなスペースで収まる。

そのような発展も視野に入れると、なおさら今の店の事業をうまく育てていくことが大事だと感じた。

この店での成功体験が次の成功を生み出す源泉になり見本になるからである。

2号店の出店は、この時点ではまったく具体的になっていなかった。

構想というよりはまだ妄想に近い状態だったが、実際にはオーダーメイド枕とマットレスの事業モデルがうまくいき、2018（平成30）年の「寝蔵　NEGURA」の出店につながっていく。

成功要因はいろいろあるが、その一つとしてあらかじめ将来の事業展開や出店イメージが描けていたことは大きい。

新規のお客さんをどうやって獲得するか、省スペースで運営する際に不要なものは何か、父や自分の代わりとなる人をどう育てるか、都市部ではどんなお客さんがメインターゲットになるだろうかなど、変革の取り組みを複数の視点から見ながら進めることができたことが、のちのちの店舗展開に役に立った。

小さな成功体験が次につながる

Promotionは、すでにウェブサイトとブログ経由で若い層と新しいお客さんを増やしていく戦略を立てていた。

実際、これは効果が出ていた。

ウェブサイトを見て来店したという人が増えていたし、そのなかには、ブログを楽しみに読んでくれている人もいた。

ブログでは、眠りや寝具選びに関する悩みや、日々の接客のなかで感じたことなどを書いていた。例えば、どんな悩みごとを持つ人が来店し、どんな提案をしたかを書く。ベッドの納品事例なども載せた。

あまりビジネスライクな記事ばかりでも肩がこるので、友人の話や自分の休日のことなど、プライベートな話もたまに載せた。

ブログは相手の反応が見えない。そこが対面の接客と違うところだ。

読み手の反応を想像しながら、コツコツと手探りで記事を書いてきた。

それだけに「ブログ、読んでいます」と言ってもらったときのうれしさは大きかった。

ウェブサイトに合わせて、カタログのようだった折込チラシやＤＭのデザインは刷新し、一色からフルカラーにした。

若い層向けの広告として、地域のフリーペーパーへの出稿も試した。

このような変更でコストが増えた一方、広告効果が薄い手段は経費削減のために減らした。例えば、電柱広告をやめ、折込チラシを入れる地域を絞り込んだ。

相談やカウンセリングを通じて眠りの悩みごとを解決する。

ふとん屋だがベッドを売り、オーダーメイド枕を前面に出し、値引きに頼らない経営を目指す。

これらは業界では新しい事業モデルだったが、自信があった。

自信があるからこそ、しっかり情報発信したい。

「オーダーの枕ってどんな感じなんだろう」と興味を持ってもらう。

「一度、行ってみようか」と思ってもらう。

そこをPromotionのゴールと位置づけた。


Promotionの一つであるウェブサイトは、作った当初のアクセス数は1日10件ほどしかなく、そのうちの半分は自分のアクセスというような状態だった。

しかし、次第に50件、100件と増えていき、少ない日でも100件以上で安定し、多い日で200件のアクセスが得られるようになった。

その頃から土日のお客さんが少しずつ増え始めた。

1カ月もしないうちに「ウェブを見て来た」というお客さんが現れた。

初めてベッドのマットレスを買ってくれたのも、ウェブで店のことを知った市内のお客さんだった。

若いお客さんが増え、「県外から車で2時間かけて来た」という人が現れ、20代の男性が一人で買いに来たときは、ウェブ集客が機能していると実感した。

ふとん屋の主なお客さんは高齢の女性で、20代の男性はその対極的な存在だ。

つまり、ウェブ集客によって、まったく新しいターゲットにリーチできた。

このような小さな成功体験は、事業モデルの変革に挑戦する自信にもなったと思う。

新しいことを試し、反応を見る。

うまくいったらさらに新しいことを試し、もう一歩先を目指す。

銀行員からふとん屋に来て、いきなり「オーダーメイド枕をやろう」という発想は出なかっただろう。

オーダーメイド枕を入り口として、ベッドやマットレスを売る事業モデルは、小さな変革の積み重ねの末に生まれた発想だったということだ。

マニュアルと実習を両輪にする

4PをベースにしながらPromotionまで整理した。

店が目指す方向性が見え、スッキリした。

自分の頭のなかもスッキリした。

家業に入ってから1年、ずっとモヤモヤしていた。

とりあえずやることはあるのだが、何のためにやるのかが分からない。

勢いをつけて飛び上がりたいのだが、どの方向を目指したら良いのか決まっていない。

その状態から抜け出せたことが気持ち良かった。

新たな事業モデルが変革につながる自信はあったが、きれいに整理できたことで自信が確信に変わりつつあった。

事業モデルができたら、あとは日々の業務に落とし込む。

まずは店の方針を全員に理解してもらう。

自分たちはふとん屋ではない。質の良い睡眠を提供する眠り屋だ。

その理念に則って、カウンセリングのマニュアルを作り、スタッフに覚えてもらう。

ポイントは二つある。

一つは、「安いですよ」などと価格で売るのをやめることだ。価格は季節を通して一定にして、値下げしないことを理解してもらう。

もう一つは、来店したお客さんにいきなり商品を勧めるのではなく、悩みごとや要望を聞き、体型測定してもらうことだ。

とはいえ、スタッフは今まで商品を売ることを仕事としてきた。

その業務に慣れているし、慣れていることを変えるのは誰にとっても難しいはずだ。

実際の接客は、自分がやって見せながら、見て覚えてもらうのが良いだろう。質の良い睡眠を提供する、モノではなくコトを売るといった考え方は、全体像を理解するうえでは分かりやすいが、どうしても抽象的で概念的になる。マニュアルとして言語化しつつ、見て覚えるというイメージの共有を両輪で進めていくのが良いだろうと思った。

商品構成は、仕入れから見直し、在庫を徹底管理する。

今の仕入れは流れ作業になっていて、一つ売れると、同じ商品を注文し、補充する。この流れはいったんやめて、売れたものを再び仕入れるか一つひとつ検討する。そのなかには取り扱いをやめるものもあるはずだ。

店の方針に合う商品に絞り、在庫は極力減らす。

ベッドとマットレスは、その日に欲しい人はほとんどいないため、在庫を持たずに、売れてから仕入れる。

これも在庫軽減につながり、資金繰りの改善につながるだろう。

「よし、これでやってみよう」

そう呟き、時計を見ると、午前7時を少し回ったところだった。

両親、妻、スタッフが出社してくるまでもう少し時間がある。

みんながそろったら、新しい事業モデルを説明する。

スタッフには接客の要点だけ伝え、接客の流れを理解してもらうことにしよう。マニュアルも今日中にはできるだろう。

事務所から出て、店を一周する。

完璧とはいえないが、イメージ通りの店内に変わった。

入り口のドアを開けると、今日も良い天気だった。

大きく背伸びをして「新装開店だ」と呟いた。

小鳥の鳴き声が聞こえる。

涼しい朝の風を感じながら、駐車場の掃き掃除に取り掛かることにした。

第4章

時代の追い風に乗って、「快眠市場」を創出

オーダーメイド枕が大当たり

「お待たせしました。それでは『睡眠ハウスたかはら』の専務にご登場いただきます。髙原さん、よろしくお願いします」

司会者が言い、会場から大きな拍手が起こる。

その音に促されるようにして、私はステージの真ん中に立ち、話を始めた。

「こんにちは。髙原です。今日は当店で行っているフィットラボの取り組みについて話をさせていただきます」

この日、私はフィットラボを取り扱う店が入会する「快眠ひろばの会」のセミナー会場にいた。1年に1度行っているセミナーで、講演することになっていたからだ。

セミナーのテーマは「睡眠ハウスたかはらさんに学ぶ」である。

思わず恐縮してしまうこのテーマのもと、フィットラボに参加している寝具店の人たちの前で講演することになっていた。

オーダーメイド枕を入り口として若いお客さんを開拓する。

寝具を売るモノ売り事業をやめて、お客さんの悩みを解決するカウンセリング型の事業に転換する。

この方針を掲げてから5年くらいの間に、店を取り巻く環境は劇的に変わった。

オーダーメイド枕のフィットラボを店の目玉商品のようにして推し始めると、しばらくしてウェブサイトでその情報を見た人などが集まり出した。

一つ2万円前後の枕は決して安くはない。

しかし、肩こりや首の痛みなどに悩んでいる若い人は私が想定した以上に多かった。

丁寧に接客し、悩みを聞き、体型を測定する。

データを踏まえて枕を作り、試し寝してもらう。

この接客方法が受け入れられ、枕の質の良さも認知され、オーダーメイド枕は年々倍々で売れるようになった。

フィットラボを扱い始めたのは私が家業に入る前のことで、当時は月に2、3個売れる程度だった。

今は月に20個ほど売れるようになり、30個売れるときもある。

フィットラボの取扱店のなかでも枕の販売個数で上位になり、本腰を入れ始めてから4

年目には首位になった。しかも、2位と倍近く差をつける首位になっていた。

その成長と実績を評価されての「睡眠ハウスたかはらさんに学ぶ」講演である。

人前で話すことに多少の照れ臭さがあったが、評価されるのはうれしいことだ。

自分のこれまでのキャリア、家業に入って取り掛かったこと、オーダーメイド枕を事業の軸の一つにしようと考えた理由などについて、知っていること、経験したこと、考えていることをいろいろと話した。

枕からマットレスに関心が移る

フィットラボで枕の販売個数がトップとなったことは、経営改革に取り組んできた私にとって自信になった。

首位を取ることが最終目的ではないが、「首位になる」という目標があると、変革の取り組みに力が入る。

義父に喜んでもらえたこともうれしかった。

「1位はたいしたもんだ。どんなことでも1位になるのはすごい」

首位になったという話を聞きつけて、義父がそう言ってくれた。

銀行員を辞めて家業に入ると決めたときから、妻の両親にはなるべく心配をかけないようにしようと心がけてきた。

安定している職業を捨てて不安定な個人店を自ら選ぶ男に自分の娘が嫁ぐわけだから、心配されるのは当たり前なのだが、少しでもその不安を軽くしたいと思っていた。

ところが、これがなかなか難しい。

家業に入って以来、業績は少しずつ上向いていたが、まさか損益計算書を見せて「ほら、大丈夫です」というわけにもいかない。仕事や人生が順調であることを具体的に証明するのは思いのほか難しいことなのだ。

フィットラボの実績は、順調であることを証明する数少ない手段の一つになった。

店の売り上げは、催事をやめたことによって一時的に減ったが、回復も早かった。

催事をやめようと決めたのは、催事はモノ売りの事業であり、快眠というコト売りの事業モデルと合わないことと、催事が高齢の常連さんで成り立っているため、先細りであり、いつかは廃れることが明白だったためだ。

催事の売り上げは、多いときで３００万円、少ないときで１００万円くらいだった。

しかし、年に４回ほど行っていた催事を２年目には半分にし、３年目には年１回にし、

4年目にやめた。覚悟していたことだが、単純計算で、年5000万円から1000万円くらいの売り上げが減った。

一方で、新たに扱い始めたベッドとマットレスの売り上げが少しずつ伸びた。

結論から先に言うと、催事を年1回にした年には、催事をやめる前と同水準の売り上げに戻った。催事をやめた年は、催事をやっていたときよりも売り上げが1000万円多くなっていた。

理由としては、ベッドで寝ている人の需要にリーチできたこと、ふとん店として認識されていた店がベッドも充実している店と認識されるようになったことが挙げられるが、実はここでもフィットラボが活躍している。

オーダーメイド枕を作るための計測データはオーダーメイドマットレスにも使える。

枕の試し寝をしてもらいつつ、オーダーメイドマットレスの話をすることにより、枕とマットレスをセットで買っていく人が増え始めたのだ。この頃から、オーダーメイド枕とオーダーメイドマットレスの両方を店のメイン商品にした。

枕を変えるだけでも肩こりなどの症状は緩和できるが、正しい寝姿勢で寝るためには身体に合うマットレスを使ったほうがより良い。

当時、枕とベッドマットレスの両方を高い次元で提案できる店はなかったため、それが店の特徴になるだろうと考え、実際、そうなった。

さらに変化は続く。

事業モデルを変えたばかりの頃は、オーダーメイド枕に興味を持つお客さんがほとんどだった。

しかし、1年くらい経つとオーダーメイドのマットレスを見に来るお客さんが増えた。さらに1年経つと、マットレス目当てで来店し、そのうちの何人かがオーダーメイド枕を買っていくようになった。

当初は、枕を来店のきっかけにしてマットレスの売り上げにつなげようと考えていたのだが、いつしかマットレスの関心度が大きくなり、主と従が入れ替わったのだ。

価格で比べると、枕は2万円、マットレスはベッドフレーム込みで20万円ほどになる。主従関係の入れ替えにより、店の売り上げが飛躍的に伸びることになったのだ。

マットレスを噂で買ってはいけない

日々の業務では、カウンセリングから始めて、体型測定し、データに基づいて商品を提案する流れが定着した。

お客さんが増え、カウンセリングする機会が増えたことで、悩みを聞き出す技術も磨かれていった。

どんな人が来店し、どんな悩みを持っていたか把握したら、それを情報として蓄積していく。

顧客情報を年齢、性別、仕事内容などで整理すると悩みごとのパターンのようなものが見え始め、接客はさらにスムーズになっていった。

例えば、若い男性のお客さんは、就寝時間や睡眠時間が不規則であることが多い。万年床のせんべいふとんで寝ている人や、ゲームなどをしながらソファで寝てしまう人もいる。

そのような習慣によって寝姿勢が悪くなり、肩こりや首の痛みが発生する。

また、若い人ほどインターネットを使うため、ネット通販で枕やマットレスを買う人が多い。

若い人は忙しく、店に実物を見に行く時間が取りづらい。若い人が多く住む都市部には寝具専門店も少ない。

そのような生活環境を考えると、つい通販で買ってしまう気持ちも分かる。

ただ、通販の商品は試し寝ができない。

「肩こりに良さそうな枕を通販で買ったけど、効果がない」

「マットレスを替えたのに、腰の痛みが治らない」

そんな悩みを抱えてしまうのは、寝具選びでもっとも重要な過程ともいえる試し寝を飛ばしてしまうからだ。

そういうお客さんには、２階に置いてある20種類のマットレスに寝転がってもらい、寝心地の違いを実感してもらう。

人それぞれ体型が違い、自分に合う枕やマットレスも人それぞれであることを理解してもらい、体型測定をしてマットレスを選んでもらう。

男性は女性と比べてデータに興味を持つ人が多く、測定値に基づきながら体圧や寝姿勢の話などをすると納得度が高まりやすい。

「メジャーリーガーが使っているマットレス、扱ってますか？」

開口一番、買いたい商品を指定するのも、若いお客さんによく見られる特徴だ。

おそらくネットの情報や深夜の通販番組で商品を知ったのだろう。

「著名人が愛用」や「アメリカの３大マットレスメーカーの商品」といった触れ込みで売られているものは、買い手側から見ると説得力があるように感じられる。実際、商品そのものは良いものが多く、店にも何点か置いている。

ただ、商品が良いことと自分に合うことは別の話だ。

筋肉量が多く、日々の運動量も多いスポーツ選手が安らげるマットレスが、自分にも合うとは限らず、ほとんどの場合、合わない。

お客さんが指定するマットレスが店内にあれば、さっそく寝転んでもらう。

興味を持っている商品がどんなものなのか知りたいだろうし、自分に合うかどうかも寝転んでもらえばすぐに分かる。

「寝心地はどうですか？」私が聞く。

「うーん、もっと寝心地が良いかと思ってましたけど……」

「想像していたより硬い。そうおっしゃるお客さんが多いんです」

「そうですね。イメージと違います」

「マットレスは噂で買うと失敗するんですよ」

たいてい、そんな会話になる。

自分が期待していた寝心地がそのマットレスでは実現できないと分かれば、そこから先はいつもの接客の流れである。

計測し、データを取り、試し寝してもらいながら最適なマットレス探しを手伝う。

商品を指定して見に来るお客さんは、ほぼ全員が来店時に目当てにしていたものとは別のマットレスを買っていった。

それはつまり、自分に合わないマットレスを買おうとしていたほぼすべてのお客さんを、それぞれにとって最適なマットレスに誘導できたということだ。

硬いマットレスが良いという誤解

若いお客さんがネット経由で間違った情報を入手することが多いのに対して、50代や60代のお客さんは、自分の経験や過去の睡眠環境などが原因で、間違った情報を信じていることが多い。

典型的な例が「マットレスは硬いほうが身体に良い」である。

日本人は昔から敷きふとんで寝てきた。

その歴史がこのような根深い誤解を生んだのだろう。

硬い敷きふとんで寝ていた人は、おそらく硬めのマットレスのほうが寝やすく感じる。硬さの感覚に慣れているからだ。

しかし、本当に硬いほうが身体に良いのであれば、究極の寝姿勢は床に直接寝ることだ。

当然、硬くて寝られないか、寝られたとしても朝には身体中があちこち痛くなるだろう。

このような情報を信じている人にも、体型計測のデータを使って丁寧に説明する。

「人の背骨はS字にカーブしているため、その凹凸に合わせて身体を支える弾力が必要です」

「硬いマットレスはS字カーブが保てないため負担がかかり、安眠の妨げになってしまうのです」

そのような話をしながら、マットレス選びのポイントも知ってもらう。

「仰向けで寝ると腰が痛くなりませんか？」

「いつも横向きで寝ていませんか？」

そんな質問をすると、ほとんどの人が「そうだ」と答える。

それが睡眠の質を低下させ、腰痛や寝不足の原因になる。

睡眠と体調不良の関係を理解してもらいながら、硬いほうが良いという思い込みを捨ててもらい、自分に合うマットレスを探してもらうのだ。

余談だが、年齢層が高いお客さんが硬いマットレスが良いと信じている一方で、若いお客さんは柔らかいマットレスが良いと信じていることが多い。

これもお客さんのデータを整理して見えてきたパターンの一つだ。

若いお客さんが柔らかいほうが良いと考えるのは、一時期ブームになった低反発の商品の影響だろうと思う。

低反発マットレスのように柔らかいマットレスは、手触りが良く柔らかい。そのため、寝転んだ瞬間はとても気持ち良く感じる。

ただ、寝姿勢という点から見ると、これも良くない。

柔らか過ぎるマットレスは身体が沈むため、寝返りがしづらくなる。

寝返りが多過ぎるのは寝不足の原因になるが、寝返りがまったくできないと寝姿勢が固定され、身体の同じ部分に圧がかかり続ける。

体圧分散ができず、圧がかかっているところが痛くなるし、重さがある腰に圧がかかりやすくなり、腰痛が悪化する原因にもなる。

言い方を変えれば、「硬いほうが良い」「柔らかいほうが良い」といった先入観にとらわれず、自分に合うマットレスを見つけることができれば、腰痛などにはなりにくく、回復する可能性も大きいということだ。

双方向の「ありがとう」

「おかげで、またゴルフができるようになったよ」

わざわざそう伝えに来てくれたお客さんがいた。

腰痛に悩み、マットレスを買い替えたお客さんだった。

「良かったですね。腰の痛みは取れましたか?」

「おお、取れた。きれいに消えた。やっぱり原因はマットレスだったんだな」お客さんが笑顔でそう言う。

「ありがとう」そう言ってお客さんは帰っていった。

そのお客さんのほかにも「よく眠れるようになった」「肩こりが軽くなった」「気持ち良く起きられるようになった」などと喜んでくれる人が増え、そのつど「ありがとう」と感謝された。

不思議な感覚だった。

商売では、売り手が買い手に「ありがとうございます」と感謝するのが当たり前だ。以前の店でも「安く買えて良かった、ありがとう」と言う人はたまにいたが、基本は店からお客さんに向けた一方通行の感謝だった。

しかし、事業モデルを変えてからは、お客さんから「ありがとう」と言われる機会が圧倒的に増えた。

我々としては「買ってくれてありがとう」なのだが、お客さん側も「良い商品を選んでくれてありがとう」と感じてくれている。

感謝されるのは素直にうれしいし、自分たちの仕事が誰かの役に立っていると実感する機会になる。

「ありがとう」と言われるたびに、私は店の事業モデルに自信と誇りを持つようになった。

もっと役に立つことはできないか。

悩みごとの解決のために今以上の力を注ごう。

そんな気持ちも高まった。

もちろん、難しい点もある。

寝具は即効性が出づらいため、薬のように飲んですぐに腰痛などが消えるわけではない。我々が提案する商品で痛みが必ず消えるとは限らないし、寝具は医療品ではないため「これで症状が治ります」とも言えない。

商品を売る仕事には売り上げ目標があり、そこに達すれば100点だ。しかし、課題を解決する仕事は、解決度合いを数値化しづらいため、100点が定義できない。

自信を持って枕やマットレスを提案したにもかかわらず、思うように不調が改善しないこともある。

「その後、肩こりはどうですか?」

「ううん、軽くなった気はしなくもないけど……」

そんな反応が返ってくることもある。

原因はいろいろ考えられる。

カウンセリングで悩みの根本に辿り着けなかったのかもしれないし、聞きこぼしたことがあるのかもしれない。もっと最適な寝具の提案ができたかもしれない。

究極はそこを追求することが店の使命なのだと思う。

つまり、100点がないなかで、100点を目指す。

その取り組みがどれだけできているか評価する数少ない基準の一つが、お客さんからの「ありがとう」なのだろうと思った。

快眠ブームが追い風に

ウェブとブログ経由のお客さんは増え続け、来店して商品を買ったお客さんからは知人や友人の紹介が生まれ、来店者数は引き続き伸びていった。

（この事業モデルでいける）

そう確信して日々の業務に取り組むと、店はさらに躍進していった。

全国的に健康への関心が高まり、睡眠の重要性が注目されるようになったのはそれから間もなくのことだった。

「快眠」という言葉をあちこちで目にするようになり、ブームになっていった。

オーダーメイド枕に詳しい立場として、民放やケーブルテレビから取材依頼を受けるようになったのもこの頃で、これも快眠ブームからの流れである。

テレビカメラを前に、寝姿勢と体調の関係性などについて話す。

レポーターの質問を受けて、多くの人が自分に合っていない枕とマットレスを使っている現実について話す。

毎度同じ話ではつまらないので、日々の接客のなかで見てきた内容などを踏まえて、高齢層が好む硬いマットレスも若い層が好む柔らかいマットレスも、それぞれ問題があることを指摘する。

そのような話は反応が良かったようで、取材は不定期だがその後も続き、店にはさらに多くのお客さんが来るようになった。

昔から知り合いの近所の人たちには、「四代目」ではなく「枕の先生」と呼ばれ、冷やかされることもあった。

良い面、悪い面があると思うが、テレビなどメディアの力は大きい。

オーダーメイド枕は、手軽に作れて、手が出しやすい価格帯だったこともあり、急激に注目を集めた。販売個数は月20個から30個くらいが相場だったが、一気に月80個前後まで増えた。

事業モデルを作り替えたとき、メディアを使う販促は考えていなかった。

販促のためのコストは有限だったし、仮にメディア効果で来店者数を伸ばせたとしても、スタッフ数に限りがあるため大勢を相手にすることはできない。

ただ、振り返ってみて思うのは、枕の店というポジショニングがうまく機能していた。事業モデルを変えるにあたり、私は枕を主軸の商品にした。オーダーメイド枕を前面に出した。

それがあったから、取材依頼が来て、お客さんが増えた。

昔ながらのふとん屋の立ち位置を維持し、「枕『も』やっている」という打ち出し方だったとしたら、このような成果は得られなかっただろう。

販促を考えるうえでは、お客さんに対して、自社、店、自分の何を、どんなイメージで見せるかが非常に重要なのだなと感じた。

お客さんが増えるのはうれしいことだ。

店が広く認知され、わざわざ遠方から来てくれる人も増えた。これもうれしい。

ただ、困った面もあった。

お客さんが増え過ぎて接客の時間が足りなくなったことだ。

オーダーメイド枕は、カウンセリング、計測、枕を作る、試し寝して調整するところまで含めると、1回あたり1時間ほどかかる。

正しい寝姿勢についてもアドバイスしたいし、オーダーメイドマットレスの良さも伝えたい。

そう考えると、スタッフ総出で接客しても、まったく時間が足りなかった。

すでにこのとき、両親も自分たち夫婦も休憩なしで接客にあたり、ギリギリ対応できるくらいの状態になっていた。

多忙のなかのうれしさと苦しさ

「社長はどこに行った?」妻に聞く。

「ベッドの配達。もうすぐ戻るはずだけど、遅いわね」

「そうか。よし、待っていても始まらない。とりあえず枕のお客さんの接客を進めよう。すまないけど今日も接客のサポートを頼む」

「分かった」

そう言い、妻に枕作りを手伝ってもらう。

快眠ブームとテレビの影響を受けて、日々、店はオーダーメイド枕のお客さんが溢れていた。この日は土曜日ということもあって、いつもの2倍くらいのお客さんが来ていた。

店の前を確認すると、すでに7台停められる駐車場は満車だ。店の前の通りにも何台か停まって駐車場が空くのを待っている状態だった。

計測作業とデータをもとに枕を作る作業などはスタッフや妻に任せていたが、お客さんの悩みを聞き出すことが重要であるため、カウンセリングは私と父が担当していた。

一方、ベッドとマットレスの配達も、力仕事であるため私か父が分担して行っている。

そのため、配達するベッドの設置に手間取ったり、行き帰りの道が混雑すると、店でのカウンセリング対応ができなくなり、混雑してしまう。

お客さんが増えて忙しくなり始めた頃、運送業者と提携して配達を任せようか考えたことがあった。家具店や家電量販店などはこの方法が主流で、運送業者が商品を運んでいる。

ただ、なるべくなら避けたいと思った。

商品を運び、ベッドを組み立て、マットレスを載せる。

そこまでやってこそ接客だと思っていたし、「髙原ふとん店」だった頃からすべての商品は店の誰かが運んでいたからだ。

婚礼用ふとんが売れていた頃は祖父と父が商品を運び、商品を渡しつつ「おめでとうございます」と伝える。

ベッドやマットレスは私と父が運び、商品を渡して「ありがとうございます」と伝える。

「凡事徹底」。商売の当たり前を徹底して行う。

そこに店の良さがあると思っていた。

商品を引き渡す瞬間まで接点を持ち続け、丁寧にお礼を言うことで、また店に来てもらいやすくなる。丁寧な店だったと良い印象を持ってもらえれば、知人や友人に店のことを紹介してくれるかもしれない。

そのようなことを考えると、やはり配達は外注できない。

しかし、これ以上店に来てくれるお客さんの待ち時間を延ばすこともできない。

ベッドなどの配達はお客さんが比較的少ない平日にしようと思った。

それでも厳しければ、定休日の火曜にする。

うれしいけど、苦しい。

忙しさに喜んでいたが、忙しさに悩むという複雑な状況だった。

追い風を目一杯受けよう

快眠ブームの忙しさが増していくなかで、私は二つのことを考えていた。

一つは、この追い風を目一杯受けるということだ。

巷で快眠「ブーム」と呼ばれていたことからも分かるとおり、今の忙しさがブームによるものであり、一時的なものであることは薄々分かっていた。

「まあ、そのうちに落ち着くさ」

慎重派で冷静な父が言う。

繁盛するのはうれしかったが、新たに増えたお客さんのうち、半分くらいはブームに乗って来店してくれた人だ。

ブームは大歓迎だ。しかし、踊ってはいけない。

ブームで上乗せされた分は自分たちの実力で獲得したお客さんではない。

そこを勘違いしないようにしよう。両親、妻、スタッフと、ことあるごとにそう話した。

接客が大変という理由で安易にスタッフを増やせば、接客の質が落ちる。

売れていることを鼻にかけ、雑に接客したり偉そうな態度を取ったらどうなるか。

「あの店は不親切だ」「感じが悪い店だった」という噂がすぐに広まる。なにしろブームでお客さんの数が増えているのだ。噂が広まる口の数も以前と比べて圧倒的に多い。

もっともやってはいけないのは、たくさん枕を売るために、カウンセリングを短くし、手を抜くことだと思った。

売り上げを狙いにいくなら、流れ作業で枕を作り、売ったほうが良い。ドライブスルー感覚でオーダーメイド枕を売れば、おそらく売り上げは2倍くらいに増やせる。

しかし、それはモノ売り事業であり、店が目指している事業ではない。カウンセリングを通じて、睡眠に関する悩みごとを聞き、解決する。快眠を得るための手伝いをする。そのコンセプトだけは死守しなければならないと思った。

見方を変えれば、ブームで来てくれたお客さんが店を評価してくれれば、その先、長い付き合いができる可能性もあるということだ。

そう考えたら「流行りもの好きのお客さん」などと軽く見ることはできない。全力で接客し、満足してもらう。快眠の大切さを知ってもらい、リピートしてもらう。ブームが店の間口を広げてくれた。そのチャンスを目一杯生かさなければならないと思った。

この状態が永遠に続くわけではない。

そう考えることで、目が回る忙しさもどうにか耐えられそうな気がした。

ブームのなかでもう一つ考えたのは、ブームが終わったあとのことだ。

ブームが去ればお客さんは減る。

寂しいことではあるが、それがブームというものの宿命である。

問題は、お客さんがどれくらい減るかだ。

漠然とだが、新たに増えたお客さんのうち半分くらいは減るだろうと考えていた。しかし、実際には半分かどうか分からない。もしかしたらブーム以前の状態に戻るかもしれない。

だとしたら、ブーム終了前にやっておかなければならないことに着手しなければならない。

このチャンスにできることは何か。

そこで思い出したのが、事業モデルの変革を考えていたときに妄想していた2号店出店の計画だった。

2号店出店の課題

2号店出店については、仕事中に父と何度か話し合ったことがある。

二人とも日中は店に出ているため、お客さんが途切れたふとした合間などに、今の経営のこと、課題に感じていること、来月のチラシの案、将来のことなどを話す。

いわゆる店舗会議や朝礼のようなものは行っていなかったが、このようなすき間時間の話し合いが店での唯一といっても良い戦略会議でもあった。

「これだけお客さんが注目してくれているなら、そろそろ2号店の計画を実現できるかもしれないね」私が父に聞く。

「そうだなあ。このところ、名古屋市内や県外から来てくれるお客さんも増えた。さっきのお客さんも車で1時間以上離れたところの人だった。足を伸ばしやすいところに店舗があれば、そういう負担をかけなくて済む」

「じゃあ、名古屋市内かな」

「それがいいだろうな。ただ、この店の運営スタイルをそのまま2号店に持っていくのであれば、ショッピングモールなどでは難しい。場所はそれほど大きくなくても良いから、丁寧に接客できる店が良いだろう。車で来店できる路面店が合うだろうな」

「人についてはどう思う？」私が聞く。

「名古屋市内に出店するなら、誰かに店を任せることになるだろうな」父はそう言い、少し考え込んだ。

2号店出店に向けて私がもっとも不安に感じていた点がここだった。

名古屋市内に出店する場合、店の誰かが片道1時間かけて通うか、新たに従業員を雇い、店を任せることになる。

雇うのはできるし、実際、今までもスタッフを雇ってきた。

しかし、任せるのはどうか。

今とは違う店舗運営のスタイルになる。

家族経営の良いところは、基本的に小規模で、家族という目に見えない絆で結ばれていることだ。

今のように忙しいときでも、なんとなく家族の絆を意識するから、自分だけサボろうという気にはならないし、できることをやって一緒に乗り切ろうと思える。

必ずしも良いとは言えないことだが、全員参加、全員残業で乗り切ることで、お互いを支えている感覚が増す。家族だから残業代が増えるわけでもない。

しかし、家族外の人はそうはいかない。

雇用は契約だ。家族だからといった曖昧でなあなあな関係性のうえには成り立たない。

店を任せるなら権限を渡す必要がある。

80年以上にわたって培ってきた店の信用は、権限を持つ人の言動によって強くなるかもしれないが壊れる可能性もある。

2号店がうまくいかず、出店と撤退で損失が出たとしても、お金はまた稼げる。

だが信用はそうはいかない。一度離れたお客さんを呼び戻すのは至難の業だ。

そう考えると、父か私が2号店を見ることになるだろう。父はこの店の顔であるから、私が行くのが現実的だ。

少なくとも「この人になら任せて大丈夫」と思える人が育つまでは、2号店で指揮をとる。出店するのであれば、その覚悟を決めなければならなかった。

商品を絞り、ターゲットも絞る

覚悟はなかなか決まらなかった。

一方、2号店の構想は頭のなかで形になりつつあった。

2号店の主軸は、本店同様、オーダーメイド枕とオーダーメイドマットレスにする。すでにオーダーメイド寝具の特徴は十分に知れ渡っている。店においても、オーダーメイドを主軸とする接客の流れやノウハウができている。

これを活用するために、2号店もオーダーメイドを前面に打ち出す。

本店よりさらに商品を絞り、ターゲット層も絞り、コンセプトが立っている店を目指す。

商品を絞れば店舗の坪数も小さく収まるだろう。

あまりにも小さい店はせせこましくなって高級感が損なわれるが、家賃などの固定費を考えると可能な限りコンパクトな店舗が良い。

本店は100坪あり、ふとん、ベッドとマットレス、枕、季節用品を扱っている。

2号店では、ふとんと季節用品は扱わない。ベッドとマットレスの台数も絞り、半分以下にする。

それなら30坪くらいで収まりそうだ。

目と手が届きやすい30坪くらいの店のほうが、将来的に誰かに運営を任せる場合も安心だろうと思った。

店舗名はまったく新しく考えることにした。

店舗デザインも本店とは違うものにしようと考えた。

近隣で出店する場合は「睡眠ハウスたかはらの2号店」と認識できたほうが良い。地域での実績と信用があるからだ。

しかし、出店を想定している名古屋市内では「たかはら」の店名は知られていない。

本店の実績が使えないのは悔しいが、新規なのだから仕方がない。

それなら新規の店と位置付けて、市内在住や市内で働いている若い層が来店しやすい店作りにする。

本店より落ち着いた店内にして、ふとん屋のイメージを極限まで薄くしよう。

店の前を通った人が「何屋だろう」と思い、入ってみようかなと思うような、そんな店構えをイメージした。

斬新だからこそ意味がある

2号店の店名は、わりとすぐに決まった。

「ネグラってのはどうだろう」妻に聞く。

「ネグラ?」

「そう、動物が寝るネグラ。寝るという字に蔵元の蔵と書いて、寝蔵」

「いいと思う!　シャープな感じがするし、漢字にすれば、寝具の店なんだなということも分かるし。どういう意味なの?」

「動物はネグラに戻って休息する。本能で眠る。そんなふうに本能的にゆっくり休めるイメージから考えてみたんだ」

「なるほどね。動物のネグラから来ているなら、店内も落ち着いた雰囲気にしないといけないわね」

「そうだな。何かアイデアはあるか？」

「寝蔵の店名に合わせるなら、店内は少し暗くしたほうが良さそうよね。明るいネグラなんてないじゃない」

「確かにそうだ」

「基調の色は茶色系かな。動物のネグラは森の中にあるイメージだから、フローリングとか木の壁とか、そういう店作りにするのも良いと思う」

妻のアイデアを聞きながら、私は出店計画表にメモした。

自分より消費者に近い目線を持つ妻の発想は、相変わらずありがたかった。

新規出店は既存店のリニューアルとは事情が異なる。

これまで取り組んできた本店の変革は、ベースがある程度できているなかでの取り組みだった。一方、2号店はゼロから発想し、ゼロから作る。

自由に作れる楽しさはあったが、難しさもあった。

「一つ考えていることがあるんだけど」私は頭のなかにある案を妻に聞いてもらおうと考えた。

「どんなこと？」

「店は30坪で決して広くない。そんなに歩き回ることもないし、ベッドの試し寝で靴を脱ぎ履きすることになる」

「そうね」

「だったらいっそ、入り口で靴を脱ぐスタイルにしたらどうだろうか」

「家の玄関で靴を脱ぐ、みたいなこと?」

「そう。それなら試し寝も簡単だ。そもそもネグラはリラックスして身体を休める空間であるはずだし、靴を脱ぐことで心が解放されて、カウンセリングでも悩みを聞き出しやすくなるかもしれない。冷やかしの人が減り、靴を脱ぐことによって店の滞在時間もたぶん長くなる」

「靴を脱ぐスタイルに驚く人はいないかしら」

「ほとんどの人がウェブサイトを見てくると思うから、そこはあらかじめ伝えておく必要があるな」

「それなら大丈夫そうね。靴を脱ぐ店のほうが、本気で快眠を追求している印象も強くなると思う」

「よし、それで考えてみよう」

　そのような会話を重ねながら、店のコンセプトが固まっていった。従来のふとん屋の事業モデルと比べると実験的な要素が多かった。

本店と比較しても、家賃を払って運営する点や、将来的に運営を家族外の人に任せる点など、異なる要素が多かった。

しかし、それで良いのだと思った。そう思い込むようにした。

すでにある店を複製しても大きな成果は狙えない。

既存店の成功要素を絞り込み、凝縮する。

その結果としてまったく新しい店が誕生することが大事であり、市場はきっと、その価値を評価してくれるはずだと思った。

取引先の協力を得て前進

内装のイメージが固まると、さっそく内装工事業者のあてをつけた。

その勢いに乗って、２号店の出店を２０１８年１月に決めた。

「こうしよう、こうやってみよう」と計画を練るのは楽しいが、イメージを膨らませるだけでは何も始まらない。

具体的にスタートするためには、期限を決めることが重要だ。

期限を決め、さっそく店舗を出す場所と人の選定を考え始めた。

新規事業や新規出店など、何もない状態からスタートする取り組みは、ここが最大の難関であり、もっとも重要なポイントでもある。

出店場所を間違えると閑古鳥が鳴く。

人選を誤るとさらに大きなダメージを受ける。

計画は大胆に考えて良いが、実行は慎重にしなければならない。

そう考えて、翼の会の面々、業界内の知り合い、親しくしている取引先などに話を聞く機会を増やした。

2号店のコンセプトを話すと、みんな興味を持って聞いてくれた。

「快眠を売る店か。面白いね」

「オーダーメイドが普及するといいよな」

そんな感想をもらうたびに、事業計画に自信を持った。

新しいことに挑戦し、寝具業界に新しい風を起こす。そんな期待も感じた。

ただ、出店に向けた具体的な案はあまり得られなかった。

新規出店に関わったことがある人が少なく、ノウハウなどを持っている人も少ない。

それもそのはず、業界では年々ふとん屋が閉店し、減っている。

閉店の作業に携わることはあっても、新規出店の機会に触れることがほとんどなかったのだ。

そんななか、強力なパートナーとなったのが寝具の卸業者である佐伯だった。

佐伯との付き合いは長く、仕入れを通じて頻繁にやりとりがあるため、店にとってはもっとも信頼できる取引先の一つだった。

創業80年の髙原ふとん店は業界では老舗の部類に入るが、佐伯はそれ以上の老舗で、創業は明治時代まで遡る。

老舗として伝統を大事にしつつ、業界発展のために新しい挑戦をする。

その考えに共鳴するところがあり、本店の事業モデルを変えたときも高く評価してくれたし、２号店出店の計画も応援してくれた。

佐伯は本社が名古屋市西区にあり、卸先も市内全域に広がっているため、市内の寝具店などの情報に明るい。

「路面店を構えるなら、この通り沿いが良いのではないか」

「後継者不足が原因で閉店した寝具店がここにあった」

「このショッピングモールには枕ブームで開店した枕屋がある」

具体的な情報をもらいながら、出店準備を進めていく。

物件情報を集め、家賃などの固定費を踏まえて、2号店は名古屋駅から車で20分ほどの位置にある天白区の平針に決めた。

集客第一で考えるなら人通りが多い場所に出店するほうが有利だ。働く人や買い物客が入り乱れる名古屋市内のど真んなかが理想だろう。

ただ、枕やふとんのメンテナンスを行うなら、車で来店できるほうが良い。

地域に根差した店に育てていくという点においても、オフィスと店舗で成り立っている市街より、住民がいて、生活がある町のほうが良い。市街から少し離れたほうが、安眠と快眠をコンセプトにしている「寝蔵」のイメージに合う。

本店がある西尾市より住民が流動的で、その土地に古くから住んでいる人と、新たに越してくる人が半々くらいの場所が良い。

そんな観点で出店場所を探し、「ここだ」と思ったのが平針だった。

並行して、寝蔵の2号店、つまり睡眠ハウスたかはらとしての3号店の計画も進めた。

2号店がうまくいくなら、その出店ノウハウを有効活用できる。

そう考えて、2号店が開店する半年後に、3号店を開店しようと決めた。

3号店の場所は佐伯の本社がある西区を想定した。

名古屋市街を挟み、市の南東エリアと、日進、三好、豊明などのエリアを2号店、市の北東エリアと、北名古屋、清洲、小牧エリアなどを3号店でカバーする格好となった。

想像以上に高いゼロイチの壁

「人はどうする」父が聞く。

すでに2号店のスタッフは募集をかけていたが、問題は店長だった。

「2号店は、運営が軌道に乗るまで自分が店長として見ようと思う。自分が接客を担当し、スタッフには見ながら接客方法を学んでもらい、任せて大丈夫と判断できるまでは、それがもっとも安全で確実な方法じゃないかな」

「そうか。行ったり来たりで忙しくなるが、仕方ないな」

「うん。ほかに現実的な方法はないだろうと思う。あとは3号店……」

「そうだなあ」

そう言うと、父は黙り込んだ。私も黙るしかなかった。

父と私のほかに店を仕切れる人はいない。店は三つ。駒は二つ。

本店を母と妻に任せて、父が3号店を見るか。私が2号店と3号店を行き来して、両方見るか。

どちらの方法も接客の質が低下する可能性があった。

何もない状態からスタートするゼロイチや、新しいことに挑戦する取り組みは、ここが難しいのだと実感した。

同じコンセプトの店がすでにたくさんあるなら、その店の経験者を採用することができる。寝蔵はそれができない。似た店が存在していないからだ。

しかも、寝具業界は人が流出し、不足している業界だ。寝具や睡眠の知識を持つ人が減っている。そのなかで、新しい取り組みを柔軟に受け入れられる人を探さなければならない。

本店の運営方針や事業モデルを変えようと取り組んだときも、幾度となく壁を感じた。何をどう変え、何を変えてはいけないのか悩んだ。

しかし、ゼロイチの壁はさらに高い。

予定日が着実に近づいていた。それはつまり、開店準備の時間が着実に減っているということだった。

開店を待ち遠しく感じる気持ちより、時間の猶予がなくなっていく焦りのほうが大きかった。

プレッシャーが生み出した悪夢

悪夢が始まったのはこの頃からだ。
悪夢は、「困ったことや嫌なことが起きる」といった抽象的な意味での悪夢ではなく、言葉のとおり、悪い夢を見てうなされるという意味である。

平針の２号店が華々しくオープンする。
しかし、お客さんが一人も来ない。昼になり、夕方になり、結局誰も来ない。
初日だけでなく、次の日もその次の日も誰も来ない。
カウンセリングのために用意したまっさらなテーブルの前で、頭を抱える。
そんな夢を見るようになった。
目覚めたときの「夢で良かった」という安堵感は今もまだ覚えている。
西区の３号店は開店初日からお客さんが並んでいる。

オーダーメイド枕を作るために大勢の人が押し寄せる。

「良かった」

そう感じ、安心して後ろを振り返ると、誰もいない。

スタッフがいない。店長もいない。自分一人ですべての業務を回さなければならない。

目の前のお客さんからカウンセリングを始めるが、店内はどんどん混んでいく。行列が店の外に溢れて、遠くから「まだかよ」「何やってんだ」とイライラした声が聞こえてくる。

そんな夢を見て、汗だくになって目を覚ましたこともあった。


「快眠が大事」と言っている自分が快眠できないのは皮肉なことだ。

新規出店という生まれて初めての挑戦が、生まれて初めて感じる大きなプレッシャーになっていた。


「お客さんは来てくれるだろうか」「開店までに店長候補は見つかるだろうか」

頭のなかは不安で埋め尽くされた。

業界や知り合いの期待も、当初はうれしかったが、プレッシャーに変わっていた。

「今度、新しい店を出すんだって?」

「ふとんを売らないふとん屋をやるんだって?」

そんなふうに聞かれることはすでに珍しくなくなった。

「オーダーメイドで食えるのかな」

「快眠ってそんなに需要があるのだろうか」

そんな声も自然と耳に入ってくる。

「もしかしたら、無謀な挑戦をしようとしているのではないか」

そう思って自信が揺らぐときがあるほど、不安が膨張していった。

できることに集中して不安を忘れる

不安を消すにはどうするか。

楽しい未来を想像したり、不安に感じていることを相談したり、ビジネス書などを読んでみたりするなど、いろいろとやってみた。

もっとも効果的だったのは、目の前のやるべきことや、今できることに集中して取り組むことだった。

不安は勝手に膨らんでいく。そこに目を向けると、不安の闇に飲み込まれてしまう。

だから、見ないようにする。別のことに集中し、不安に目が向かない状態にする。

開店に向けてやることはいくつかあった。

まずは集客のための宣伝だ。

本店での経験から分かっていることは、若いお客さんはオーダーメイド枕に関心を持つことが多く、年齢層が上がるほどマットレスの関心が高くなる。

その知見を踏まえて、ウェブサイトにはオーダーメイド枕の情報を多く載せ、開店前後で配布する折り込みチラシには枕とマットレスの情報を両方載せた。

折り込みチラシは主に50代から60代の人に向けた宣伝だが、若い層でも新聞を取っている人はいる。

新聞を取っている若い人は同年代のなかでは経済的に余裕がある。

中価格帯から高価格帯に絞っている店の価格戦略から見て、彼らはターゲット層に一致するため、ウェブサイトだけでなく、折り込みチラシも彼らとつながりを作るための重要なツールと位置付けた。

宣伝で特に注意したのは、枕やマットレスなどの商品を前面に出さないようにすることだった。

この数年でオーダーメイド枕の認知度が高まり、快眠ブームが追い風となったことで、枕の専門店は増えていた。近くのショッピングモールにも枕の専門店があったし、家具店などでもオーダーメイド枕のコーナーを作る店があった。

ただ、それは枕という商品を売る店で、寝蔵とはコンセプトが違う。寝蔵は、商品ありきの店ではなく快眠を提供する店である。

宣伝では、そのことを念頭に置いて文言を練った。

また、先に開店する平針店の近くには寝具専門店がほとんどない。そのような地域の特性も踏まえて、枕とマットレスだけでなく、ふとんに関する相談も総合的に対応できることもアピールした。

モノ売りしない教育を徹底

開店に向けてもう一つ力を入れたのがスタッフ教育だ。

平針店では地域在住の女性スタッフを2人採用できた。

30坪の店舗であるため、従業員は私を含めて3人で十分回る。

小さく生んで、大きく育てる。見栄を張らずに、リスクを抑えてスタートすることが大事だ。

内装工事が着々と進む開店前の店舗で、接客の練習を繰り返した。

スタッフにお客さん役をやってもらい、接客の流れを説明する。

次は私がお客さん役になり、押さえてほしいポイント、聞き出してもらいたい情報、聞き出し方などを確認する。

徹底したのは、商品を売ろうとしないということだ。

商品を売るのは難しくない。

店には商品力がある枕やマットレスが並ぶ。その質の良ささえ伝えれば、放っておいても商品は売れる。

しかし、寝蔵はカウンセリングを重視する。コミュニケーションを通じてお客さんと深いつながりを作り、目先の売り上げではなく、長い付き合いを構築していく。

売れる商品なのに、商品力で売らない。

それはスタッフとしては厳しい条件だろうと思う。

値下げせず、「お得ですよ」などと伝えることもせず、眠りに関する課題を共有し、解決することだけを武器にお客さんと向き合うのは大変なことだ。

しかし、それができなければ寝蔵は従来の寝具店と同じになってしまう。

寝蔵の理念と目指す方向を共有し、自分が実践してきた接客を再現してもらう。

マニュアルを覚えるだけでなく、お客さんとの距離感や接客中の空気感をつかむ。

お客さんが悩みを相談しやすい空気を作る。

お客さんの表情や言葉などに注意を向けながら、カウンセリング中の心理的な距離感を把握し、解決策となる商品を提案する。

ここは言語化が難しいため、感覚で理解してもらうしかない。

そのための練習は、開店まで1カ月ほど続いた。

順調な出だしと意外な発見

「お客さんは来るだろうか」

その不安は、2号店の入り口を開け、最初のお客さんを迎え入れるまで続いた。

スタッフの接客も心配していた。

練習なら何度ミスをしてもいいが、実戦は違う。

接客しつつ、スタッフの動きを見つつ、お客さんが入ってくれていることを内心で喜びつつ、「もしかして初日だからお客さんが来ただけではないか」と疑いつつ、四方八方に散らばりそうな思考をどうにかまとめ、無事に初日を終えることができた。

平針店の開店は、良い意味での裏切りと発見があった。

例えば、開店初日に商品を買ってくれたお客さんは、枕でもマットレスでもなく、ベッドのフレームを買った。50代の女性のお客さんだった。

ウェブサイトでもチラシでもフレームは推していなかったため、意外だった。

「起きるときに立ち上がるのがだんだん辛くなってきましてね」女性が言う。

「そうでしたか」

「それで、良い寝具が置いてありそうな店ができたと知ったので、見に来たんです」

「でしたら、実際に座ってみてください。起き上がるときに足腰が痛むようでしたら、無料で体型測定もしていますので、遠慮なくおっしゃってください」

そんなふうに接客しながら、睡眠の悩みなどについて話をした。

「良い寝具が置いてありそう」

女性がそう感じてくれたのがうれしかった。

ほかの寝具店とはどこかが違う。何か新しいものがあるかもしれない。そう感じ取ってくれた証だと思った。

開店2日目は、掛けふとんと敷きふとんの打ち直しについて電話で問い合わせを受けた。打ち直しの問い合わせはその後も何件かあり、「洗えるか」「洗いたい」「打ち直しできるか見てもらいたい」など、ふとんのメンテナンスに関する問い合わせも想定した以上に多かった。

これも意外だった。

「もちろん、相談に乗ります」そう答えて、来店してもらう。

お客さんが持ち込んでくるのは、婚礼用ふとんとして買った高級品がほとんどだった。

「古いふとんなんだけど、打ち直せるならやってほしいと思ってね」お客さんが言う。60代の男性のお客さんだった。

「そうでしたか。では、拝見させていただきます」

私が小中学生の頃によく売れていた綿のふとんで、懐かしく感じた。

店のハイエースに紅白の幕をかけ、祖父と一緒にふとんを配達したときのことを思い出す。

手触りは悪くなっているが、柄はその当時によく見たものだ。

打ち直した形跡はなく、だいぶへたっている。しかし、お客さんにとっては大事な思い出のふとんなのだろうと思った。

「数日預からせていただければ、打ち直しできそうです」

そう言うと、お客さんの表情が明るくなった。

「じゃあ、お願いするよ。買い替えようと考えたこともあったんだが、やっぱりこれが一番寝心地がよくてね」

「ありがとうございます。きちんと打ち直させていただきます」

「助かるよ。ずっと打ち直してもらいたいと思ってたんだが、どこに持って行けば良いか分からなくてね。モールに寝具店があるんだが、ふとんを担いで行くわけにはいかない。ここは駐車場があるから、もしかして、と思ったんだ」

そう言って、お客さんは帰って行った。

体型や寝姿勢が人それぞれであるように、寝具の好みも人それぞれだ。

ベッドで寝て、羽毛ふとんを使う人が主流ではあるが、綿のふとんを好む人もいる。

重くても、古くても、この綿ふとんで寝たい。

このふとんだから安心して寝られる。

寝具は機能が重視されるが、思い出や思い入れも快眠の重要なポイントである。

使い慣れたふとんにくるまる。

安心して眠る。

そのためのサポートをすることが寝蔵の使命なのだとあらためて実感した。

「ありがとう」が自信になる

平針店は1月に開店し、2月になると客足は少し落ちた。

寝具業界に限ったことではないが「ニッパチ」と呼ばれる2月と8月は、寒さと暑さのせいでお客さんが減る時期だ。

しかし、不安は感じなかった。

むしろ、開店してからの1カ月を振り返り、接客や店舗運営、店内のレイアウトなどを微調整する良い時期だと思った。

売り上げ面も、2月は減ったが、3月からは再び増え始めた。

寝具は春先から売れなくなるが、ベッド類は通年で売れる。また、引越しシーズンの3月からゴールデンウィークの5月にかけては売り上げが増える。

ベッドを扱う店にとって、ちょっとしたボーナスのような時期だ。

お客さんが増え、売り上げが順調に伸びていくのを確認し、私は3号店となる西区の開店にも自信を持てるようになった。

懸案だった3号店の店長は、再び佐伯の協力によって解決に向かった。

3号店を出す西区で個人店のふとん屋をやっていた人が廃業することになり、その人を寝蔵の店長候補として紹介してくれたのだ。

寝具業界の人であるから寝具に関する知識は申し分ない。「新しいことをやりたい」という意欲が強かったし、寝蔵の事業モデルやコンセプトもすぐに理解してくれた。私と年代が近く、幼い頃からふとん屋の子として育って来た経歴が似ていることもあり、さらなる躍進に向けて取り組む同志を見つけたような気持ちになった。

ただ、接客技術を身につける必要がある。

そのため、開店前の2カ月ほど本店で働いてもらい、父が実習することにした。父が接客する様子を見ながら接客の流れや方法を学んでもらうことになった。

平針店も西区の店も事業モデルは同じだ。商圏も客層も似ている。店長は父が実習し、ほぼ完璧に接客を身につけている。

2号店がうまくいっているなら、3号店もうまくいくだろうと思ったし、うまくいかない理由はもはや見当たらなかった。

実際、寝蔵は両店舗とも順調で、開店からずっと売り上げが右肩上がりで伸びていくことになった。

店のコンセプトに共感し、快眠の重要性をお客さんにきちんと伝えてくれるスタッフも育った。

事業に絶対はない。

しかし、自信はあった。

その理由は、寝蔵に来店し「ありがとう」と言ってくれたお客さんがたくさんいたからだ。

「良いマットレスを選んでくれてありがとう」

「相談に乗ってくれてありがとう」

接客中やお客さんが帰っていく際に、そのような言葉をもらう。

感謝されるということは役に立っているということだ。

役立っているなら存続する。それが市場の原理なのだと思う。

事業の不安は、入念な計画と準備でだいたい解消できる。

それでも一抹の不安は残るが、最後に残る不安を完全に吹き飛ばしてくれるものが、お客さんなのだ。

第5章

人生の1／3を費やす睡眠——快適な眠りを提案する

ビジネスに勝機あり

五代目⁉の成長

「あれ？　また店の雰囲気が変わったね」

店内を見渡し、顔なじみの業者が言う。羽毛ふとんの丸洗いを頼んでいる業者だ。

「ええ、ちょっとレイアウトを変えたんです」

私はカウンセリングテーブルのほうを指差して、そう答えた。

お客さんと話し、悩みごとなどを聞き、体型計測する。

その動線をあらためて見直したところ、カウンセリングテーブルの位置が良くないなと感じた。

カウンセリングしているときに、背後からほかのお客さんの声が聞こえてくる。

もうちょっとじっくりと、落ち着いて話を聞けるようにしたい。

そう考えて、テーブルの位置をずらしたばかりだった。

「レイアウトとかディスプレイとか、『たかはら』さんは来るたびにどこか変わっているから、それを見るのが楽しみだよ」

「そう言ってもらえるとうれしいです」

「ここに来ると、店は生き物なんだなあと思う。成長があるし進化がある。時間が止まったままのふとん屋さんが多いからね」そう言って業者は笑った。

業者の言うとおり、ずっと店内の雰囲気が変わらない店はたくさんある。変わらないことが良いことだと言う人もいるが、私はそうは思わなかった。来るたびに何か発見がある。どこかに新しさや変化がある。そんな店作りをしたいと思っていた。

「ところで、チビちゃんたちは？」業者が聞く。

チビは、私の子どもたちのことだ。上は小学5年生の娘、下は2年生の息子である。学校が終わったあと、たまに店に来る。空いている机で宿題をすることもあり、出入りが多い業者の人たちと話すことも多かった。

「下の子の授業がもう終わったはずなので、もうすぐ来ると思います」時計を見ながら、そう答える。

「そうかあ。そろそろ五代目の自覚も出てきたかな」

「父は期待しているみたいですが、息子はまだ小2ですからね。将来のことは分かりませんが、修業の道は長いですよ」

そんな会話をしながら、洗い上がった羽毛ふとんを受け取る。枕とマットレスが店のメインだが、羽毛ふとんに関する需要も多く、リフォームや丸洗いの依頼も安定的にあった。

「こんにちは」

しばらくすると、息子が店に来た。

業者に挨拶し、教科書が詰まった重いランドセルを下ろす。

「おお、おかえり。ちょっと見ない間にまた大きくなったんじゃないか？」業者が聞く。

「そうかな」

「ふとん一枚くらい持てるようになったんじゃないか？」

「そんなの余裕だよ、結構、力あるんだ」

「よし、今度おじさんの仕事、手伝ってくれ。アルバイト代、払うぞ」

「分かった」

「頼もしいなあ。専務、後継ぎも安心だね」

「どうですかね。さ、宿題あるんだろう？　そこのテーブルで済ませちゃいな」

私がそう言うと、息子は「はーい」と返事をして、重いランドセルを持ち上げた。

どこかで見た光景であり、どこか懐かしい光景でもあった。

店の価値を高めるしかない

「髙原ふとん店」は「睡眠ハウスたかはら」に変わり、事業モデルも客層も店内に並んでいる商品もあらゆるものが変わった。

昭和から平成、令和へと時代が変わっていくなかで、事業モデルは変化しなければならなかったのだと思う。

一方で「ふとん屋の子」の立ち位置はいつの時代も変わらないのかもしれない。

テーブルで宿題と格闘する息子を眺め、ふとそんなふうに思った。

当たり前のことだが、私もかつては子どもであり、息子と同じような「ふとん屋の子」の時期があった。

祖父母が現役だった頃は、両親が自宅から少し離れた新しい店舗で働いていたため、思春期は多くの時間を祖父母と過ごした。

周りにも自営業の友達がいて、祖父母と住んでいる人や親が共働きの子もいたので、自分の家が特別だとは思わなかった。

ただ、たまに商店街で母親と楽しそうに買い物をしている友達を見かけて、寂しさを感じることはあった。

また、ふとん屋のような客商売は週末が稼ぎどきになる。土日に店を閉めることはないし、もちろん両親も店に出ていた。

業界の閑散期である夏は、母が土日に店を休み、プールに連れて行ってくれることもあったが、父子で遊んでいる親子を見るとやっぱり少し寂しさを感じた。

私の娘と息子も、寂しさを感じるときはあるのだろう。

特に寝蔵を開店する前後は、朝早く家を出て、夜遅く帰る日々が数カ月にわたって続いた。

今はできる限り一緒の時間を作るために、例えば夜は早く帰るようにして、学校での出来事を聞きながら寝かしつけている。平日の放課後も、こうして店で一緒に過ごす時間を作るようにはしている。

しかし、それでも限界はあり、土日にどこかに出かけることはできない。

当店は昔から火曜日が定休日だが、子どもたちは学校があるし、私も所用があって店に出ているときがあり、すれ違ってしまう。

息子は思ったことや感じていることをいろいろと言う。

「プールに行きたい」「遊園地に行きたい」「お父さんと一緒に遊びたい」

そう言われるたびにチクリと胸が痛んだ。

娘は上の子だし、女の子ということもあってか、家族で遊びに行けないことなどについて文句を言ったことはほとんどない。

しかし、娘もきっと同じことを思っている。自分や妻に気を使わせまいと考え、黙っている。そう思うと、さらに苦しい気持ちになった。

仕方がないことだ、それが「ふとん屋の子」の宿命なのだと自分に言い聞かせてはいたが、昔のように夏が閑散としていたら「もしかしたらもう少し遊べたかもしれない」というジレンマは感じる。

忙しいのはありがたい。

ありがたいが、悩ましい。

私が一生懸命に取り組んでいる仕事の価値を、やがて子どもたちも理解してくれる。

そう願うのが精一杯だった。

そのためにも、店をさらに盛り立てて、子どもたちが価値を感じやすい事業にしなければならないと思った。

「継ぎたい」と思う事業を作る

宿題と格闘している息子に目をやると、父がそばで勉強を教えていた。業者との雑談でも話したように、どこまで本気かは分からないが、父は息子を五代目として見ているようだ。

幼かった私に「四代目」を意識させ、勉強する大切さや世の中のことを教えてくれたのは祖父だった。

今は父が息子に「五代目」を意識させている。

祖父から孫へ、間の一世代を飛ばして家業のことを伝える光景も、かつてどこかで見た光景であり、どこか懐かしい光景だ。

父は私に店を継がせたいと思っていたのだろうか。

聞いたことがないから分からない。

父が三代目の社長となったとき、すでに私はいずれ四代目となることを自覚していたため、後継ぎ問題についてあえて聞く必要もなかった。

ただ、父が何の気なしに言った言葉で、印象に残っているものがある。

「お前が継ぎたいと思うような店にする」

息子だから家業を継ぐのではなく、良い事業だから継ぐ。

親が子に「継いでくれ」と言うのではなく、子が親に「継がせてくれ」と言う。

父はそんな事業承継を理想としていたのだと思う。

今の私もまったく同じことを思っている。

やりがいがある仕事だと思ってほしい。

楽しさがあり、満足感があり、たまには苦労もあるが、人のため、社会のためになる。

もしかしたら私は、子どもたちがそう感じる機会を作るために、彼らを店に呼んでいるのかもしれない。

もしかしたら私は、彼らが「継ぎたい」と思う事業を作るために走り回ってきたのかもしれない。

そんなふうに考えたら、苦悩や苦境を乗り越えてきたことにさらに意味を感じた。

ふとん屋を眠り屋に変えたことを誇らしく感じたし、さらに良い店に変え、寝具業界全体がカッコいいと思われるようにしなければならないとも思った。

眠りは明日の準備

店や業界をさらに良くするために、何ができるだろうか。

重要だと思うことは二つある。

一つは、睡眠の価値を広めることだと思う。

店はそのための接点になる。

お客さんが増えるほど睡眠について関心を持つ人が増える。快眠を得て、睡眠の大切さを認識する人も増える。

ただ、現状はまだまだだ。

眠りは本能的な活動に過ぎず「寝られればいい」と思っている人もいる。

「寝る子は育つっていうように、子どもの睡眠はみんな気にする。でも、大人になると寝ることが後回しになるよなあ。大人だって疲れるし、疲れていたら良い仕事もできないのに」私がそう言うと、妻は大きくうなずいた。

「そうね。子どもも大人も、健康に生きていくためにはちゃんと寝なきゃいけないのは同じなのにね」

　そんなことを話していると、やはりまだ睡眠の重要性や快眠の価値は世の中にきちんと伝わっていないのだと感じる。

「子どもは明日の成長のために寝る。大人は今日の疲れを回復するために寝る。その違いなのかもしれないな」

　私がそう言うと、妻はきょとんとした顔をした。

「つまりさ、みんな一日の始まりは朝だと思っているだろう。でも、ちゃんと寝ないと元気に起きられない。いつも元気な人はよく寝ているし、いつもぼんやりしている人はいつも寝不足。どこで差が生まれているかというと、睡眠だろう」

「今夜どんなふうに寝るかによって、明日がどんな日になるか決まるってことね」

「そう。疲れたから寝るのではなくて、明日も頑張るために寝る。しっかり寝て、しっかり生きる。せんべいふとんじゃ次の日のパワーは蓄えられない。そんなふうに考えたら、睡眠を大事にする人がもっと増えそうな気がするんだ」

「それ、面白いわね」

「そうか？」

「明日の準備のために寝る。未来志向の睡眠。それ、いいわよ。さっそくサイトに載せましょう。朝が来て、1日が始まるのではなく、寝るときから始まっている。この店だから提案できることだと思う」

そんな会話を経て、今はウェブサイトに「よく眠り、よく生きる」というメッセージを加えている。

快眠分野は伸びしろが大きい

業界全体については、今後はきっと、睡眠が健康管理（ヘルスケア）や生活の質（QOL）、仕事の生産性といった分野と紐付きながら、発展していくだろうと思っている。

ナポレオンは1日3時間しか寝ないショートスリーパーだったという説があるが、睡眠時間を削って働き回るよりも、質の良い睡眠をとったほうがおそらく生産性は高くなる。肉体的にも精神的にも健康であるはずだ。

最近は「睡眠負債」という言葉もある。慢性的な睡眠不足が借金のように蓄積し、病気リスクが高まったりすることを表す言葉だ。

私は病気は治せない。

しかし、眠り屋だからこそ予防の面から貢献できることはあると思っている。

寝具業界としてできることも多いはずだ。

寝具は生活者であるお客さんと接点が強い。

ほぼ全員が毎日寝るし、1日1回は寝具に触るはずだ。

食事と同じくらい普遍的で生活に根差しているからこそ、消費者と新たな接点を作るための切り口や手段もいろいろ考えられるのではないか。

例えば、パジャマなどの衣類や、照明やカーテンなどインテリアの業界とのコラボレーションで、寝室まわりの新しいライフスタイルが提案できるかもしれない。

睡眠は食事と同じくらい重要な活動だ。

食事が1日3回なら、1日の3分の1はふとんの中だ。

食べない人はいないし、寝ない人もいない。

ただ、世の中を見渡してみると、健康管理のために食事に気を使う人はたくさんいるが、眠りに気を使う人はそれほど多くないのが現状だ。

そこが個人的には不満であり、伸びしろだとも思っている。

カロリーを気にするように睡眠時間を気にする。

栄養の偏りに注意するように快眠を妨げる要因に注意する。

食事で自己管理する人がカッコいいとされるように、睡眠を自己管理する人もカッコいいと評価される。

そんな流れを生み出したい。

睡眠の価値は徐々に評価され、注目されるようになるだろう。

ただ、自然とそうなるのを待つのではなく、業界全体で追い風を作り出していくための取り組みが必要だと思う。

デジタル化の波に乗る

店と業界を良くしていくために、もう一つ大事だと思っているのは、新しいことを積極的に取り入れる姿勢だ。

デジタル分野との組み合わせが良い例だと思う。

オーダーメイド枕の計測器もその一つだが、枕、ふとん、マットレスなどは、シンプルな商品だからいろいろと組み合わせられる。

呼吸や動きなどを感知するセンサーをつければシニアや赤ちゃんの見守りができるし、

センサーとリクライニング機能を組み合わせて、自動でリクライニングできるベッドも作れる。

睡眠状態や睡眠時間などを管理するアプリなども作れるだろう。

店においても、例えば、広告面では動画広告ができるかもしれない。

計測の手順などは動画で見せたほうが分かりやすい。

枕やマットレスの手入れ方法、良いマットレスを選ぶコツ、睡眠の質を高めるポイントなども動画で説明できるだろうし、見てくれる人が増えれば、店を舞台に快眠のコミュニティができるかもしれない。

何が市場にウケるかは分からないが、眠り屋である私としては、快眠につながりそうなものは積極的に取り入れたい。

今の「睡眠ハウスたかはら」があるのも、新しいことを取り入れてきたからだ。

そう考えれば、ＹｏｕＴｕｂｅもＩｏＴもＡＩも、どんどん取り入れていい。

取り入れることが正義だとすら思う。

私が家業に入ったときの最初の印象は「化石みたいだな」だった。

世の中の変化に取り残され、置いてきぼりを食っていた時間を取り戻すところからすべてが始まった。

仮に子どもが店を継ぐときがきたとして、かつての自分と同じような経験をさせてはいけない。

化石のようだと言われることがないように、常に新しいことを取り入れて、業界の先頭とまでは言わないが、少なくとも先頭集団グループのなかで走り続けなければならないと思う。

挑戦が売り上げを呼び、人を呼ぶ

新しいことへの挑戦は、怖い部分もあるが、その恐怖心さえ乗り越えることができれば、面白いことだらけだと思う。

私自身について思うのは、新しいことに挑戦しながら、自分も変わったということだ。

最初はベッドを扱うかどうかで大いに悩んだ。

今ならたぶん、迷わない。迷う時間があったら、ふとんを退けて、ベッドを置くスペースを作る。

オーダーメイド枕を前面に出すときはもっと悩んだし、2号店、3号店を出すときはさらに悩んだ。

眠り屋が眠れない夜を過ごし、その様子を妻によく笑われたものだった。

ただ、今は迷わない。

小さな挑戦と小さな失敗を繰り返しながら、挑戦するときの怖さに慣れ、抵抗力がついたからだ。

業界においても、最近はオーダーメイドの枕やマットレスを扱ったり、寝具のメンテナンスに力を入れたりするなど、従来のふとん屋にない事業を始めている店が増えている。

ウェブサイトを作る個人店も増えた。

オーナーはきっと怖かっただろうと思う。

「枕？」「マットレス？」「本当に売れるのだろうか？」

「ウェブサイトを作って、見る人はいるのだろうか？」

そんな気持ちで、恐る恐る、半信半疑で挑戦したオーナーが多かったのではないか。

その一歩が大事だと思う。

二歩目、三歩目と進んでいくためには、まずは一歩目を踏み出さなければならない。

オーナーが変われば店が変わり、店が変われば業界が変わる。

そのような変化が起き始めたのかもしれないと期待しているし、変化のきっかけの一つとして「『たかはら』みたいに枕を扱ってみるか」「ベッドとマットレスを置いてみるか」などと参考にしてくれた人がいたとしたら、眠れない夜を耐えた甲斐があったというものだ。

現状、寝具類の売り上げのうち、寝具専門店が持っているシェアは数パーセントしかない。しかし、新しいことを始めることにより、寝具は寝具専門店で買おうと考える人は増える可能性がある。それは寝具店にも寝具業界にも良いことだ。

挑戦が売り上げにつながれば廃業する店が減るだろう。

「寝具って面白そうだよね」「何か新しいことができそうだよね」などと思う若い人が現れて、業界の後継者不足問題も解決していくかもしれない。

少しずつかもしれないが、「継いでくれ」と頼んでいる業界が「継がせてくれ」と頼まれる業界に変わっていくだろうと思う。

ふとん屋で生まれ育った私は寝具業界についてしか良く分からないが、成熟産業や衰退産業といわれるほかの業界もきっと同じだ。

同じことの繰り返しではつまらない。

繰り返すだけならロボットのほうがうまいし、人には人にしかできないことがある。それが新しいことを考えたり、新しいアイデアを生み出すことだと思う。

「催事をやめよう」

父にそう提案したとき、父もすんなり賛成した。

催事は当時の店にとって貴重な収入源だった。

しかし、父はきっと同じことの繰り返しに飽きていた。

「現状維持は退化だ」という言葉がある。

古いものを無理やり捨てる必要はないが、退化を避け、進化に向かっていくために、捨てなければならないものはあるものなのだ。

ずっともがき続けよう

家業に入ってからというもの、ずっともがいていたような気がする。

何の本で読んだかは失念したが、ネズミが牛乳が入ったグラスに落ち、溺れまいと必死に足をバタバタさせていたら、牛乳が固まってチーズになり、脱出できたというような話があった。

ネズミではなく別の小動物だったかもしれないが、本質はそこではなく、もがいていたらどうにかなったという点だ。

私はまさにその状態で、家業に入ったときは「このままでは溺れる」と確信した。脱出する手段を必死に探し、もがき続けて今がある。

何の本で読んだか忘れたのも、どの本に、どんなことが書いてあったか分からなくなるくらい、手当たり次第に本を読んだからだ。

業績が頭打ちになるのは仕方のないことだと思う。

どんな商品も、いずれは市場に飽きられ、消えていく。

見方を変えれば、業績の上限に達するくらいまで業界や事業が成長し、成熟したということだ。それはそれで喜ばしいことでもあるのではないか。

ただ、成熟するのは仕方がないとしても、その状態のときに「もがいても仕方がない」と思ってはいけない。

何か新しいことをやってみる。小さな挑戦で良いのでぶつかってみる。

空振りもあるだろうし、空振りのほうが多いかもしれないけれど、何もしなければ溺れてしまう。

もがいていれば何かつかめるかもしれない。誰かが気づき、手を差し伸べてくれることもある。

だから、もがく。

私のこの10年超の取り組みは、つきつめて言えば、もがき続けた期間だったと思う。

もちろん、今もまだもがいている。来年ももがいているだろうし、10年後ももがいているだろう。

ふとん屋は眠り屋に変わったが、そこがゴールではない。

その先には、きっとまた新しい世界が広がっている。

「『たかはら』って昔、ふとん屋だったらしい」と周りが驚くような、「お父さん、昔、枕売っていたよね」と子どもたちが懐かしむような世界が待っている可能性がある。

今はまだ想像もつかないが、それがどんな事業で、どんな店なのか見るために、私はずっともがいていたいと思う。

おわりに

最後まで読んでいただき、ありがとうございます。

本書は、寝具業界というニッチな世界での取り組みを振り返ったものです。

業界内の人には「もっとできることがありそうだ」「まだまだ変えられるところがある」と思っていただけたらうれしいですし、業界外で「うちの業界と似ているな」と感じた人がいるとしたら、「睡眠ハウスたかはら」の試行錯誤が現状打破につながる何かしらのヒントになればうれしく思います。

書き終えてみてあらためて感じるのは、伝統産業が斜陽産業になり、仮に業界内外の人が諦めるような状態になったとしても、V字回復の突破口は必ずあるということです。

そのためには、施策を考え、実行することが大事です。

私の挑戦も、考えることと実行することの繰り返しでした。

そのための活力がどこから生まれるかというと、正しく寝ることなのだと思います。

本書でも少し触れましたが、睡眠は、その日の疲れを回復するだけでなく、次の日のエネルギーを作り出す重要な活動なのです。

そこで「おわりに」として、快眠のポイントを三つお伝えすることにします。

まず、毎日の睡眠時間をできるだけ一定にしましょう。

忙しい人もいますし個人差もありますが、私の場合は1日7時間から7・5時間くらいにしています。

二つ目は、無理に寝ようとせず、無理に起きていようともせず、眠くなったら床につくことを習慣づけると良いと思います。

寝つきが悪い場合は、お風呂で湯舟につかり、一度体温を上げます。すると、お風呂から出て身体から放熱する過程で深部体温が下がり、寝つきがよくなります。

三つ目は、パジャマと寝具です。

パジャマは天然素材のものを選び、締めつけず、吸汗性と放湿性が良いものを選ぶと良いと思います。

寝具については本書でも触れたとおり、個々の体型や寝姿勢によって最適なものが変わります。この部分を深く書くと「睡眠ハウスたかはら」の宣伝本になってしまうのでやめておきますが、寝具はパーソナルなもので、万人に合うものはないということを念頭に置きつつ、インターネットやSNSに溢れている情報に惑わされないように注意してください。

1日の3〜4分の1は睡眠ですから、たった三つのポイントを抑えるだけでも人生は変わり始めます。また、前述のとおり正しい睡眠は活力を生むため、正しく寝ることで起きている時間も変わりますし、発想力と行動力が高まり、あなたがいる業界の未来も変わっていくだろうと思います。

最後に、新店「寝蔵」のオープンや今回の書籍出版に際し、背中を押していただいた佐伯株式会社様に感謝申し上げます。

私は寝具店の長男として生まれ、生まれたときから四代目となることが「内定」していました。将来の道筋があらかじめ決まっていたことや、その道を進んでいく過程でさまざまな喜びを得られたという点では、四代目として生まれたことは幸運だったと思います。

また、道筋が決まっていたとしても、その道を順調に歩いていけるとは限りません。

私自身、次の一歩を踏み出す勇気が出ないときがありました。

道を外れて迷子になりそうになったときや、先が見えずに恐怖心に押しつぶされそうになったときもありました。

そんなとき、佐伯さんをはじめとする多くの方々が力を貸してくれました。店のコンセプトに賛同し、日々一緒に頑張ってくれているスタッフたちや、業界を良くしたいと思う同じベクトルの仲間からも大きな力をもらいました。

そのような力添えがなければ、「睡眠ハウスたかはら」は三代目止まりだったでしょうし、「寝蔵」も誕生していなかったでしょう。

その点でも、私は幸運だと感じます。

業種や業界を問わず、出自や環境なども問わず、人生ではたまに大きな壁にぶつかるものです。

このあたりが限界かな、と諦めたくなるときもあります。

その先にある世界を見るために必要なのが、諦めない勇気と、多少の運と、仲間なのだと思います。

そのことをあらためて認識し、これからも業界に携わる方々との連携を強めながら、誇りを持って働ける業界改革に取り組んでいきます。

著者プロフィール

髙原智博（たかはらともひろ）

株式会社たかはら、四代目。

中小企業診断士。

1981年愛知県生まれ。寝具店の「髙原ふとん店」で生まれ育ち、幼い頃からいずれ家業を継ぐことを意識。大学で経済や経営を学び、卒業後はUFJ銀行（現：三菱UFJ銀行）に入行。地元の愛知県で中小企業向けの融資相談業務などに携わる。

入行から3年後、父親（三代目）が切り盛りする実家の寝具店（92年に睡眠ハウスたかはらに店名変更）に専務として戻る。

家業の成長と業界活性化を目標に、オーダーメイドの枕、マットレスの販売を開始。

睡眠の価値が見直され、快眠需要が高まっていく社会変化が追い風になり、県内を中心に来店者が急増。「ふとん屋」から「眠り屋」へ、「寝具売り」から「快眠の専門家」への進化を目指している。

本書についての
ご意見・ご感想はコチラ

LEGACY REVIVAL
老舗寝具店四代目、業界復興への挑戦

2020年11月22日　第1刷発行

著　者　　高原智博
発行人　　久保田貴幸

発行元　　株式会社 幻冬舎メディアコンサルティング
〒151-0051　東京都渋谷区千駄ヶ谷4-9-7
電話 03-5411-6440（編集）

発売元　　株式会社 幻冬舎
〒151-0051　東京都渋谷区千駄ヶ谷4-9-7
電話 03-5411-6222（営業）

印刷・製本　瞬報社写真印刷株式会社
装　丁　　吉賀 健

検印廃止

ISBN 978-4-344-92788-9　C0034
幻冬舎メディアコンサルティングHP
http://www.gentosha-mc.com/